U0902748

大学生情绪信息转换的特点及对策研究

CHARACTERISTICS AND COUNTERMEASURE OF COLLEGE STUDENTS' EMOTION-RELEVANT TASK SWITCHING

刘庆英◎著

中国社会科学出版社

图书在版编目（CIP）数据

大学生情绪信息转换的特点及对策研究/刘庆英著．—北京：中国社会科学出版社，2021.5

ISBN 978－7－5203－8471－1

Ⅰ.①大…　Ⅱ.①刘…　Ⅲ.①大学生—情绪—研究　Ⅳ.①B842.6

中国版本图书馆 CIP 数据核字(2021)第 095738 号

出 版 人　赵剑英
责任编辑　刘晓红
责任校对　周晓东
责任印制　戴　宽

出　　版　中国社会科学出版社
社　　址　北京鼓楼西大街甲 158 号
邮　　编　100720
网　　址　http://www.csspw.cn
发 行 部　010－84083685
门 市 部　010－84029450
经　　销　新华书店及其他书店

印　　刷　北京君升印刷有限公司
装　　订　廊坊市广阳区广增装订厂
版　　次　2021 年 5 月第 1 版
印　　次　2021 年 5 月第 1 次印刷

开　　本　710×1000　1/16
印　　张　9.5
插　　页　2
字　　数　141 千字
定　　价　56.00 元

摘　要

任务转换加工的研究发现，人类在两个加工优势度不同的任务间进行转换时，转向简单、优势任务的转换代价高于转向复杂、劣势任务的转换代价，这种现象称为“非对称效应”。日常生活经验表明，人类先从事愉悦活动，转而再从事枯燥活动时所付出的认知努力，与先从事枯燥活动，转而再从事愉悦活动时付出的努力是有差别的，并且这种差别也受到先前认知活动的愉悦或枯燥程度的影响，这种两类不同效价情绪信息转换中的现象与任务转换加工的“非对称效应”非常类似。人类对不同效价情绪信息的加工优势度不同，表现为相较于正性信息和中性信息，人类对负性信息的感知、效价强度的变化更敏感，存在负性加工偏向。因此，当个体在两类不同效价的情绪信息间进行转换时，转向两类不同效价信息的转换代价可能存在差异，产生“非对称效应”。本书主要考察两类基于不同加工优势度的情绪信息转换中是否存在“非对称效应”，以及该效应的产生机制。本研究采用改进的注意分心转换范式，首先对个体在两类不同效价信息的转换进行研究，探查“非对称效应”现象是否存在；其次，对该效应产生的条件进行研究；再次，对该效应产生的认知神经基础进行研究；最后，对该效应产生的抑制机制进行研究。实验的被试为排除了焦虑、抑郁情绪的正常大学生、研究生。研究结果发现：

（1）正性信息和负性信息之间的转换存在“非对称效应”。

（2）高负性信息与低负性信息转换时的转换任务的反应时显著高于重复任务的反应时，但高负性信息与低负性信息的转换任务差异不显著；高正性信息与低正性信息转换时的转换任务的反应时与重复任务的反应时差异不显著。以上结果说明即使效价强度不同，相同效价的情绪信息转换中也不存在“非对称效应”。

（3）效价强度相同时，高负性信息与高正性信息之间的转换表现出情绪信息转换的“非对称效应”；低负性信息与低正性信息之间的转换未表现出该效应。效价强度不同时：负性信息的转换任务的反应时显著高于重复任务的反应时，存在转换代价，正性信息却未存在转换代价，表现出情绪信息转换的“非对称效应”。以上结果说明不同效价的情绪信息转换中存在“非对称效应”。

（4）效价强度不同时，早期注意加工过程（N170）能识别出转换任务和重复任务的差别，信息加工晚期（P3）表现出对高强度信息的转换任务的平均波幅显著高于低强度信息的转换任务，出现情绪信息转换的“非对称效应”；效价强度相同时，在早期注意加工 N170 成分上，高正性信息的转换任务 N170 波幅高于重复任务，在晚期，表现出对高负性信息的转换任务 P3 波幅低于重复任务，出现情绪信息转换的“非对称效应”。

（5）情绪信息转换“非对称效应”的产生是基于先前负性信息的干扰后效大于正性信息的干扰后效。

关键词：情绪信息转换　非对称效应　效价强度

Abstract

There is an asymmetry when switching toward the easy and dominant task than toward the complex and nondominant task in two different strength task – switching. A similar asymmetry phenomenon is observed in human's daily life: when people switch between joyful task and unpleasant task, people will make different efforts for the joyful task and unpleasant task, and the degree of happy or boring task will also influence the efforts. In addition to positive information and neutral information, the human is in particular sensitive to valence intensity changes in emotionally negative stimuli, while is relatively insensitive to valence intensity changes in positive stimuli, which indicating the different dominant position of different valence polarity. The current book examined whether "asymmetric effect" phenomenon existed and its' generation mechanism due to the unequal sensitive to different valence emotion informations. This book used improved attention shifting paradigm. Firstly, whether "asymmetric effect" phenomenon existed in the shifting of different valence information was studied. Secondly, investigated the conditions which "asymmetric effect" phenomenon existed. Thirdly, investigated the neural basis of the "asymmetric effect" phenomenon; finally, investigated the inhibition mechanism of the "asymmetric effect" phenomenon. The experimental subjects were normal college students which were excluded the anxiety and depression. The results were as follows.

(1) The "asymmetric effect" existed in switching association with

positive information and negative information.

(2) The reaction time of switching association with high and low negative information was significantly higher than repeat task response time, but no significantly difference between high negative information and low negative task in switch task; there was no significant difference for reaction time between high and low positive information of switching and repeat task. These results showed that there was no "asymmetric effect" of emotional information shifting in the same valence polarity.

(3) The same intensity: the reaction time of switching task association with high negative and positive information was significantly higher than repeat task response time, and significant difference between high negative and positive information in switching task, indacating "asymmetric effect"; the different intensity: the reaction time of switching association with negative information was significantly higher than repeat task response time, but no different reaction time of switching association with positive information in switch task, indacating "asymmetric effect". In a word, these results showed that there was "asymmetric effect" of emotional information shifting in the different valence polarity.

(4) The different intensity: the participant could identify the shifting and repetitive tasks in the early attention processing (N170), and exhibited significantly higher mean amplitude association with high intensity than low intensity of switching task in the late information processing (P3), indicating "asymmetric effect"; the same intensity: the participant exhibited significantly higher mean amplitude association with high positive intensity of switching task than repetitive tasks in the early attention processing (N170), and exhibited significantly higher mean amplitude of shifting task than repeting task association with high negative information task in the late information processing (P3), which indicating "asymmetric effect".

(5) The "asymmetric effect" in emotion - relevant switching is generated based on the more residual inhibition of the previous negative information than the positive information.

Key Words: emotion - relevant switching, asymmetric effect, valence intensity

目　　录

第一章

导　论

人类根据不同的环境需求，确定适当的反应，调节自身行为的复杂认知过程称为认知灵活性（Cognitive Flexibility）。认知灵活性使个体的反应适合当前任务的需要，以便在某个特定的任务情境下产生最优的反应（Hill，2004）。随着情绪对认知影响研究的兴起，情绪信息转换加工成为研究者关注的新方向。日常生活中，个体经常要同时面对感兴趣的任务和讨厌的任务，如何克服无关情绪任务的干扰，及时有效调控自身行为，完成当前任务，直接关系到个体的工作效率、人际交往、社会适应，具有重要的生存适应性价值。

情绪信息转换研究发现个体从威胁性信息相关任务转向数字任务时的转换代价将与从数字任务转向威胁性信息相关任务时的转换代价存在差异（Paulitzki et al.，2008），类似物理认知任务中的“非对称效应”。但该研究所用的材料仅仅是恐惧材料和数字材料（作为中性材料），而恐惧图片与数字材料的知觉特征不同，采用的被试又是对该图片恐惧的被试。因此，该研究难以充分证明正常个体在情绪信息的转换中存在“非对称效应”。基于负性加工偏向的情绪信息转换的“非对称效应”很可能与特殊个体存在的对情绪信息的转换加工缺陷有关。例如，以往研究发现，抑郁个体存在对负性信息的过度加工，存在注意偏向和转换加工缺陷（戴琴，2008；黄塞，2010），恐惧个体存在对威胁信息的转换加工困难（Paulitzki et al.，2008）。因此，揭示情绪信息转换的“非对称效应”及其产生机制，对进一步加强对情绪信息转换的研究、情绪障碍患者的转换机能的研究具有非常重要的科学意义。

第一节 任务转换的认知研究概述

一 基本概念界定

1. 任务转换

一位研究者正坐在电脑前认真思考研究思路，打算着手撰写一篇学术论文。突然，有人敲门，他只好站起身来打开办公室的门，门口站着一位同事拿着一份文件。原来是同事来通知他填写一份工作计划，并立刻去办公室开会。研究者叹了口气，只好接过表格和文件，迅速坐到办公桌前浏览表格并填好，然后拿着填好的文件往二楼会议室走去。走在路上，碰到另一位同事，打声招呼，走进会议室，坐好，等待其他同事和领导到来的同时思考此次会议议题的可行性等问题。在以上过程中，出现了多个任务，如思考研究思路、听到敲门声并去打开办公室的门、接过文件、听清楚同事的来意、填写表格、下楼、遇到同事搭讪、准备会议议题等。这多个任务能够顺利完成涉及了多个认知任务，如组织语句、听觉应答、视觉搜索、理解领会、社会交往等。这些任务的顺利完成离不开认知资源的有效组织和重构，或者称为一个恰当的“图式”或“任务序列”。每个时间点上执行的任务都是由外部刺激（敲门声、表格、偶遇的同事等）所激发的，但是每个刺激几乎都有一个竞争性任务：空白的表格可以被当作垃圾扔进垃圾桶，也可以被当作重要的资料填写并保存。个体可以根据既定的目标选择某一刺激作为当前首要完成的任务并同时抵制无关刺激的干扰。

目标和任务的表述形式有很多，在此以相对微观的形式来界定：任务是指由刺激（内部动机或外在刺激）所引起的恰当的反应。此处有两个问题：一是如何选取恰当的任务并作出反应；二是在相关刺激之前，个体能在多大程度上启用新的任务？例如，内省研究表明，个体可以在没有看到对象的情况下，说出一个被描绘的对象的名称。并且当这个物体真正出现时，物体的名字可以在无意识状态下迅速激活，个体能够像条件反射一样讲出物体的名称。

许多储存在个体记忆中的任务或任务集是通过指令说明、反复练习或者重复错误并改正错误、排除干扰的过程获得的。当个体对一项任务的练习越多，或者练习的时间越靠近当前时间时，任务或任务集便更容易被激活或被启用。例如，在没有任何意识参与的情况下，当个体在街道或者商品包装上听到记忆中相关的语言、看到相关的文字或图形标志时，任务或任务集就会被迅速激活，即相关的刺激可能引发一种倾向：尽管目的或意图可能不同，但个体依然会习惯性或下意识地执行与刺激相关的任务或任务集。心理学实验中有一种经典的色词 Stroop 范式，该范式为色词冲突任务。再如，实验被试被要求对红色颜色的“绿”这一汉字进行字体颜色判断，当个体试图对“绿”这一词的撰写颜色“红”色进行判断时，必须排除“绿”这一含义的无意识干扰。如果个体的大脑前额叶受到损伤，个体可能很难排除干扰，完成这一任务。

因此，个体执行认知任务离不开目标（内部控制）、备选任务的有效性和时效性所影响的有意目的、外部刺激以及外部刺激的内容（外部影响）。因此，有效的认知需要对内源性目标进行精准的、恰当的有效控制的同时，排除无关的外部干扰。研究者将这一过程界定为认知灵活性，即个体根据不同的环境需求，确定适当的反应，调节自身行为的复杂认知过程。认知灵活性的重要成分即为任务转换。为有效研究这一过程，研究者将这一认知加工过程在实验室进行模拟，创设了任务转换范式。任务转换范式常常由单一任务（如 AAAAAA……或 BBBBBB……）、转换任务（AABBAABBAABB……中的画线任务）或重复任务（AABBAABBAABB……中的画线部分）组成。

2. 转换代价

在任务转换实验中，被试首先要完成由一系列简单刺激构成的2—3个任务序列。被试需要对每个任务集中注意力、对其进行分类、检索或计算，直到根据要求作出反应。任务序列分为重复任务和转换任务。一般来说，转换任务的反应时间比重复任务长，且错误率明显高于重复任务，这种时间差异和错误率差异称为转换代价（Switching Cost）。根据被试执行的是单一任务、转换任务或者重复任务的不同，可以将转换代价分为特定转换代价（转换任务的反应时减去重复任务的反应时、转换任务的准确率减去重复任务的准确率）和一般转换代价（转换任务的反应时间减去单一任务的反应时间、转换任务的准确率减去单一任务的准确率）。特定转换代价可以反映个体的内源性、自伤而下的控制过程；而一般转换代价可以反映个体的外源性、自下而上的控制过程。

转换代价的来源可能有以下三种：①先前任务设置的消极耗散（Passive Dissipation）。尽管先前的任务已被完成，但是任务设置还保持一段时间。②准备效应（Preparation）。如果任务开始前，被试有充足的线索或时间准备，那么，被试完成转换任务时的转换代价将会减少（转换序列反应时减少，错误率降低），这种效应称为任务转换的准备效应。③残余转换代价（Residual Component）。虽然被试拥有充足的线索或准备时间可以降低转换代价，产生准备效应，但无论被试的准备多充分，转换代价依然会存在，研究者将这种效应称为残余转换代价。如有研究发现即使线索—目标的时间间隔再长，被试的转换代价依然存在（Monsell et al.，2003）。如Monsell（2003）的研究中，将准备时间延迟至600毫秒，被试的转换代价不再产生明显的变化，逐步达到相对稳定的基线，反应时间和错误率不再有明显的变化，但转换代价依然存在。

二　任务转换范式概述

Jersild范式：Jersild于1927年采用任务转换范式（Task - switching Paradigm）研究执行控制功能。在该任务范式下，被试要完成两类任务（任务A和任务B），这两类任务的呈现序列为AAAAA……BBBBB……（重复序列）或者ABABAB……（转换序列）。实验完成后，比较重复序列与转换序列所用的反应时间，结果发现，重复序列的反应时间明显少于转换序列。但是，该范式存在一些问题。如当被试在完成任务时，绝大多数被试需要同时记住AB两类不同的任务，并且同时准备对两类不同的任务作出恰当的反应。因此，从这个角度来讲，被试在重复任务和转换任务反应时间上的差异并不能确定是转换代价还是工作记忆的负担差异所造成的。

1. 交替转换范式

Roger和Monsell（1995）改进了Jersild范式，提出了交替转换范式。在交替转换范式中，被试每完成N个同类任务后再进行转换任务，比如，被试完成三个同类任务后进行转换任务，此时的任务序列为AAABBBAAABBB……，如此循环，在这个任务系列中，重复任务和转换任务的工作记忆负担是一致的，可以认为转换代价的产生是由任务转换本身所导致的。但是，该任务范式可能会存在一个问题：被试多次实验寻找到规律后可能会对下一任务进行提前准备，从而导致任务转换代价的减少甚至消失。

2. 线索—任务范式

任务线索转换范式（Task Cue Switching）包含重复任务和转换任务。多采用两类不同的任务进行转换，如数字奇偶数判断和数字加减判断之间的转换、字体颜色判断和汉字词性判断之间的转换。在该范式中，先给予被试一个提示线索，提示需要完成的任务，然后呈现刺激，要求被试进行反应，在被试做出反应后，再呈现下一任务的提示线索，以此类推。该任务范式中，任务序列是不可预见的，因此，被试只能在线索呈现后才能开始任务准备，同时，由于在该任务范式中，重复任务与转换任务都是通过不同trial而不是不同block计算，因此，重复任务与转换任务的工作记忆负荷量是一致的，两者之间的反应时或正确率的差异很可能反映了转换代价。

3. 计数任务转换范式

1998 年 Garavan 提出了计数任务转换范式，要求被试对刺激序列中三角形和正方形分别进行计数。如果当前所计数的几何图形是重复于前一个刺激的几何图形，这时被视为非转换条件；反之被视为转换条件。转换条件比重复条件更长的反应时体现了转换代价。该任务范式可以考察被试在完成同一任务不同线索要求时的转换代价，因此，该范式中重复任务和转换任务的难度是一致的。

4. 注意分心转换范式

注意分心转换范式中，在靶刺激的上下两个位置的任意位置有另一种颜色的刺激作为分心物，要求被试只对靶刺激进行奇偶数判断，采用两个键反应，奇数按“1”，偶数按“2”。当经过 15 个连续呈现的试次后，此时被试对靶刺激产生习惯性反应之后，要求被试对另一颜色的靶刺激进行反应。原来颜色的靶刺激成为分心刺激（王艳梅、郭德俊，2006）。该研究范式的假设是，在被试刚转换时，对原来的靶刺激有一定的习惯性反应，从而导致对新异的靶刺激的反应变慢，转换任务与重复任务相比产生的反应时延迟称为转换损失。该范式在考察重复任务和转换任务的同时，还可以考察分心刺激对当前刺激的干扰效果。但是，该范式在计算转换代价时采用连续重复 trial 和转换后的连续几个 trial 的时间差来表示，并且任务序列是可预测的，因此，重复任务与转换任务的工作记忆负荷量是不一致的。

5. 维度变化卡片分类任务

该项分类任务常常用来测试儿童的分类能力。实验开始时，首先给儿童看一些卡片，如红色的花朵和绿色的小兔子，待儿童能成功识别后，给儿童呈现测试卡片，测试卡片由绿色的花朵、红色的小兔子组成，要求儿童挑选出绿色的卡片，经过多次测试（如 10 次）后，改变规则，要求儿童挑出相同的形状（如小兔子）。在此测试过程中，观察儿童能否成功地按照主试要求改变规则完成测试。多数研究发现，即使主试多次提醒，年龄较小的儿童还是难以从上一个规则转换到新的规则中，说明儿童的执行功能，尤其是转换能力尚未发展完全。

6. Stroop 范式

该范式是测验执行功能的冲突抑制能力的经典范式之一。实验材料为不同颜色的色词，如用红色撰写的汉字“绿”，或者用绿色撰写的汉字“红”。研究者向被试呈现红色颜色撰写的“绿”，要求被试判断字体的颜色或者判断字体意思。被试在判断颜色和字体意思一致的材料与判断颜色和字体不一致的材料时用的反应时间不同、正确率相同。有研究者认为，一致与不一致之间的时间差和正确率差可能反映了个体执行功能的大小，尤其是对无关信息的抑制能力。后来有研究者对该范式进行了改进，将材料替换为面孔与汉字材料，如微笑面孔上面撰写汉字“悲伤”，悲伤面孔上面撰写汉字“微笑”，研究者要求被试对面孔的类别“积极或消极”进行判断，或者对面孔上面的汉字的类别进行“积极或消极”判断。研究结果显示，当面孔类别与汉字一致时，个体的反应时间较快，错误率较低；当面孔类别与汉字不一致时，个体的反应时间较慢，错误率较高，这可能是个体在完成情绪信息加工时，也存在对冲突信息的抑制问题。

7. 自主任务转换范式（Voluntary Task Switching Paradigm）

实验指导语要求被试从两个或三个任务中选择一个任务，按照任务要求对目标刺激做出恰当反应。被试选择任务时必须遵循以下两个条件：完成任务时要严格遵从指导语的要求，整个实验过程中，每个任务的选择概率要大致相当；选择任务时不能按照固定的任务序列范式，如 ABABABABA……或 AABBAABBAABB……等固有序列，要尽量按照随机顺序选择。研究者在实验开始前，以抛硬币的案例讲解，实验过程中可以想象任务选择就仿佛自己抛了一次硬币，并根据抛硬币的结果进行任务选择，因此，被试有时是重复上一任务，有时是执行转换任务。

8. 自主任务范式的指标

自主任务范式的指标分：选择任务的时间、选定任务后执行任务的时间、任务选择比例（被试选择某个任务的比例）、任务转化率（被试选择转换任务的比例）。虽然在该任务范式中，被试执行的任务是主动选择的，但是研究者依然在此范式中发现了稳定的任务转换代价。但转换代价在任务选择阶段不存在，在执行任务阶段才存在（Liefooghe，2017）。一种解释认为，转换代价的产生可能反映了任务设置（Task Set）的准备过程，只有当任务经过选择，已经确定，被试才能对任务进行准备和重构，完成任务设置的重构过程。而被试进行任务选择时，并不涉及一系列的目标刺激的识别、任务规则的提取和执行等，因此，选择的任务是重复任务还是转换任务并不会影响被试完成任务的反应时，故在任务选择阶段并不会表现出转换代价。还有一种解释认为转换代价在任务选择阶段也是存在的，只是当前的研究范式并未完善。如当前的自主任务范式并未考虑到被试可能有意权衡了任务转换率，若调节任务转换率，任务选择也可能会出现转换代价。

三　任务转换理论概述

任务转换的研究一直围绕转换代价的产生因素进行。或者说，是哪个认知加工过程能使个体自由地在各个不同的任务之间进行自由转换。有关这方面代表性理论有四种：任务重构假说、任务重复优势假说、线索重复优势假说、抑制控制假说。任务重构假说认为，转换代价产生的反应时和准确率差异是由自上而下的、注意等多个认知过程参与的执行功能的重构过程。任务重复优势假说认为，转换代价产生的反应时和准确率的差异反映的不是转换任务的重构过程而是任务重复加工的重构过程。线索重复优势假说认为，转换代价产生的反应时和准确率的差异是由于重复任务中，线索和任务都是重复的，而转换任务中，线索和任务都是转换的，从而导致线索重复的优势。抑制控制假说认为，转换代价产生的反应时和准确率差异是自下而上的，刺激识别、反应选择和反应执行等各个过程中的排除无关干扰的过程。

1. 任务重构假说

任务重构假说是指转换代价反映了个体对任务的重新配置（如AABBAABB……）或将任务集从长时记忆中提取到当前工作记忆中的过程。当任务为重复任务时，由于前一任务仍然是处于激活状态下，个体不需要重新配置或提取任务；相反，当前任务为转换任务时，由于当前任务个体并不清楚，个体需要重新激活、配置或提取任务。因此，个体完成转换任务时的反应时会延长，准确率可能会降低，产生转换代价，此时转换代价即可反映重新激活、配置或提取任务的过程。简单来说，转换代价反映了重复任务和转换任务的不同重构过程。

该观点有一个重要而直接的假设是：在足够的准备时间内，转换成本会消失。当准备时间（如交替转换任务的反应—刺激时间间隔RSI，或者线索任务范式的线索—刺激反应时间间隔CSI）增加时，人们可以提前重新对任务进行转变。因此，当转换任务的准备时间增加时，转换成本会变得更小，甚至完全消失（Monsell & Mizon，2006）。交替转换范式改变了前后两个任务之间的时间间隔（RSI），结果发现RSI增加之后，转换代价变小，这说明转换代价的降低反映了个体对前一任务进行了提前重构或提前准备。但是，这种研究结果只在组块（Block）间设计存在，组块（Block）内设计的实验中并不存在。在任务线索范式的实验中，通过调整线索—刺激时间间隔（CSI），并控制反应—刺激时间间隔（RCI）考察转换代价的变化。研究结果发现，较长的线索—刺激时间间隔产生的转换代价小于较短的线索—刺激时间间隔产生的转换代价，这表明任务转换前确实存在重构效应。总之，重构效应可以在更改准备时间（RSI或CSI），或者通过更改任务的预期（比较预期条件和未预期条件下的反应时间）等不同的实验中出现，重构效应在转换任务和重复任务中都很常见。甚至有研究者认为，CSI、RCI的时间延长所产生的反应时的降低和准确率的提高均体现了转换代价的降低，是重构效应假说存在的标志。

虽然降低了的转换代价似乎能很好地支持任务重构假说，但对于任务重构何时能完成却存在争议。一种观点认为，任务重构从目标刺激的触发之前开始并完成，即刺激—反应的规则提取到工作记忆中之前，任务重构完成。如果该假设成立，那么，重复任务与转换任务的反应时与正确率相等，转换代价消失。但实际上，无论准备时间延长多久，转换代价并不会消失。也有研究者认为，任务重构的确是以“全”或“无”形式开始并完成的，只是当刺激—反应的规则提取到工作记忆中时，可能存在提取成功或提取失败的现象。大多数时候，个体在提取的过程中面临多种因素的干扰，故存在的提取失败导致任务转换代价的存在。另一种观点认为，任务重构从刺激呈现之时开始，但是重构只是部分完成，故转换任务与重复任务相比，存在转换代价。

许多研究发现，即使给予被试足够多的准备时间，个体的转换代价最终并不会完全消失（Rogers & Monsell，1995），该现象又被称为“残余转换代价”。残余转换代价的存在说明任务重构假说并不能完全解释任务转换中的转换代价产生的原因。但任务重构假说的研究者又改进了该理论，提出双阶段任务重构假说：第一个阶段个体主要为自上而下的、内在激发的为即将到来的任务做准备，该阶段能在任务呈现前完成；第二个阶段涉及自下而上的、外在刺激激发的储存在工作记忆中的任务规则的激活。但是，双阶段任务重构假说很难验证，因为这涉及如何分离两个阶段的加工过程。

2. 任务重复优势假说

该假说认为，转换代价的存在是由于重复任务比转换任务存在重复优势。重复优势主要体现在以下两点：第一，任务设置惯性。任务设置在执行完后不会立即消失，会产生持续的影响。重复任务完成后，任务设置的惯性影响还在，故完成重复任务所需的时间较短，正确率较高；而转换任务中，个体需要完成新的任务设置的过程中还需要同时排除前一任务设置的额外影响，故完成转换任务所需的时间较长，正确率较低。如有研究发现，当个体完成转换任务时，给予较多的反应—刺激时间间隔，可显著提高个体完成转换任务的反应时间。第二，刺激—反应联结。当某一目标刺激被同时应用到重复任务和转换任务时，个体完成任务所需要的转换代价较高。原因可能是个体每执行完一个任务，刺激—反应的联结得到一次巩固加强，当再次完成下一任务时，个体需要先解除上一任务联结才能成功完成当前任务。例如，经典 Stroop 范式中，将汉字与图片进行联结组成刺激。将不同图案（小汽车、水果等）与不同汉字（微笑、和平等）组成一类刺激。一类任务（A）为判断图片的形状，另一类任务（B）为阅读汉字。如果先进行图形命名任务再进行阅读汉字任务（AABBAABBABBAABBAABB……），结果可能会发现，即使两类任务（AB）之间间隔时间很长，但个体还是存在转换任务（下画线的 AB）的反应时较长，正确率较低。这说明个体在完成转换任务时，需要先克服先前重复任务时产生的刺激—反应联结的额外影响。

3. 线索重复优势假说

线索重复优势假说认为，转换代价产生的反应时和准确率的差异是由于转换任务与重复任务相比，转换任务的线索和任务都是新的，导致转换任务中线索和任务均不具备优势。Mayr 和 Kliegl（2003）提出双任务四线索的全新任务范式。该范式可分为三种任务类型（线索任务相同、线索不同任务相同—重复任务、任务不同线索不同即转换任务）。其中，线索重复优势由线索相同与重复任务之间的反应时之差（准确率之差）表示，任务重构优势由转换任务与重复任务之间的反应时之差（准确率之差）表示。研究结果显示，转换任务与重复任务之间的转换代价存在很小且不是很明显，重复任务与线索相同之间的转换代价差异明显，说明线索重复优势假说可能存在。这可能是因为在该范式中，线索呈现后，个体可以先利用线索对任务进行提前注意并编码加工，刺激呈现后，个体可以联合线索的提前加工顺利对任务做出恰当的反应，而且无论任务是否重复，个体很可能都采用这一种相似的策略，从而导致线索重复优势产生，任务重建过程减小甚至可能消失。

4. 抑制控制假说

抑制控制假说认为，转换代价的产生可能是被试在完成特定任务时需要抑制靶刺激的特征干扰和反应的抑制干扰，例如，前后不同任务、分心刺激以及不同的反应水平都会对当前任务产生干扰。

（1）靶刺激属性产生的干扰抑制。靶刺激为数字，实验任务 A 为判断数字属于奇数还是偶数，实验任务 B 为判断数字所在的位置（这个设置中靶刺激共有两个特征：数字的奇偶性和数字的位置，抑制控制假说认为这两种特征可能会产生干扰）。当数字为奇数时，被试按左键；当数字为偶数时，被试按右键；数字呈现在屏幕上方时，被试按左键；数字呈现在屏幕下方时，被试按右键。屏幕上方的奇数按左键和屏幕下方的偶数按右键的情况属于“一致性刺激”；而屏幕下方的奇数和屏幕上方的偶数属于“非一致性刺激”。被试在完成实验任务 A 或者 B 时，如果是“一致性刺激”，被试可以直接按左键或右键。但是，如果是“非一致性刺激”，被试必须排除与当前反应任务不一致的靶刺激属性才能做出正确的反应，故所用的反应时间会延长，错误率上升，产生转换代价，研究者称这种现象为“一致性效应”（Rogers，1995），且这种效应几乎不受任务重构的影响（Kissel et al.，2010）。

（2）任务类型产生的干扰主要有任务抑制（Task Set Inhibit）和反向抑制（Backward Inhibition）。当个体开始新的任务时，之前做过的任务可能对当前任务产生干扰，个体要完成当前的任务，就必须有效抑制先前任务的影响，因此，被试在完成转换任务（AB-ABABABA）反应时间和错误率会高于重复任务（AAAAA 或 BBBBBB），这种现象被称为“任务抑制”。如果一个任务被抑制了，那么该任务的激活水平将低于未被抑制时的水平，很久之前被抑制的任务的激活水平也可能高于刚刚被抑制的任务。研究者采用三任务（ABC 三种不同的判断任务），通过比较 CBA 序列和 ABA 序列，考察 A 任务在 ABA 序列中更难以激活，被试用时更长，反应错误率更高，研究者称为“反向抑制效应”（Mayr et al.，2000）。

（3）反应水平产生的干扰抑制。反应水平的干扰抑制主要分为抑制反应特征的干扰以及抑制反应选择产生的干扰。首先，靶刺激为数字和字母，实验任务 A 为判断数字的奇偶性，实验任务 B 为判断字母属于元音还是辅音。当数字为偶数时，被试用右手按键，数字为奇数时，被试用左手按键；当字母为元音时，被试用右手按键，字母为辅音时，被试用左手按键。因此，右手按键可能代表数字分类里的偶数或者字母分类中的元音，左手按键可能代表数字分类里的奇数或者字母分类中的辅音，这种情况称为“双价反应”。如果，数字任务判断用右手按键，字母任务判断用左手按键，称为“单价反应”。研究发现，双价条件下的转换代价明显高于单价条件（Goschke，2000），这可能是因为双价条件下个体需要更多的资源抑制额外反应特征的干扰，这种现象被称为“反应规则一致效应”（Task－rule Congruency Effect）。其次，反应选择亦可以产生干扰抑制。Go－nogo 范式研究发现，如果接下来的任务为 Go，被试必须根据 Go 任务要求确定一个特定的反应，产生转换代价（Schuch et al.，2003；Verbruggen et al.，2006；Vandierendonck，2010）。

第二节 任务转换的神经机制研究概述

一 大脑额叶、颞叶、顶叶与任务转换的关系

脑损伤病人的研究发现，当患者出现额叶受损时，个体在完成不同刺激的转换任务时会产生转换代价，当患者在进行转换任务时使用 PET 扫描时发现额叶区域被显著激活（Rogers，2000）。左脑损伤的病人完成转换任务时产生的转换代价明显高于右脑损伤的病人，这可能由于患者的左脑颞叶存在损伤，导致个体出现语言障碍，进而影响患者执行新任务时的言语表征（Mecklinger，1999）。

鉴于抑制控制在个体任务转换中的作用，研究者采用Stroop干扰范式对任务转换过程的脑机制进行研究，结果发现个体完成反应—不兼容任务与左侧运动前皮质密切相关，该区域与行为数据中的转换代价密切相关；任务干扰与左颞叶皮质密切相关（Melcher et al.，2009）。也有研究发现当个体完成Stroop干扰任务时，当颜色作为任务干扰时，个体的背侧前额皮质激活显著（Mitchell，2005）。但也有研究发现重复任务和转换任务的脑区都是前额皮质激活显著，未发现转换任务的特异性脑区（Dove et al.，2000），这也可能是该研究的任务范式太简单，缺乏对线索提示、任务时间等参数的有效控制，抑或是fMRI仪器属于高空间精度、低时间分辨率，而任务转换研究更多地侧重于时间上的区分，导致未能有效识别大脑特定区域。

二　任务转换的经典脑电成分

事件相关电位是指当个体加工或预期加工某类刺激时，大脑产生的一种特定的诱发电位，能反映个体在加工特定信息时大脑的神经电生理变化。该诱发电位有特定的波形和电位分布，并且其潜伏期与刺激之间存在严格的锁时关系，经过计算机的去伪迹、基线校正、叠加平均等处理可以去除杂乱的自发电位，得到经典ERP成分。事件相关电位技术具有较高的时间精确度，能够考察任务转换时的神经加工在时间上的特点。研究者采用经典的任务转换范式，利用ERP技术探索被试的转换特点，结果发现被试在重复条件下诱发的ERP成分比在转换条件下的波幅更小，且这种ERP成分主要表现在顶区和额中央区（Moulden et al.，1998）。Nicholson等（2006）采用线索任务转换范式的研究也发现转换条件下的ERP波幅比重复任务的波幅更大，且主要表现在顶叶区域。类似成分在其他研究者的研究中亦有发现，但是，转换任务却比重复任务的线索呈现时诱发的500毫秒后部更正向，而前部更负向的波幅，这种波幅特点可能与行为学中的转换代价的降低显著相关（Lavric et al.，2008）。但也有研究者发现，转换任务诱发出比重复任务更大的波幅只发生在任务线索阶段，在任务项目阶段的波幅与之恰好相反（Rushworth et al.，2005）。Barcelo 的研究采用注意转换范式对经典 P3 成分的研究发现，反馈线索在额区诱发了经典的 P3a 成分，而目标任务在后部诱发了经典的 P3b 成分，这说明前额叶执行控制功能在任务转换中起重要作用（Barcelo，2003）。其他研究采用线索任务转换范式发现重复任务和转换任务均能成功诱发 P3b 成分，且这种现象与线索—刺激时间间隔的变化有关，这可能与个体加工信息时的文本更新（Context Updating）能力有关，属于内源性认知加工过程（Jost et al.，2008）。但也有研究者通过颜色—单词 Stroop 任务对刺激和反应的干扰进行区分，结果发现 N450 与刺激冲突干扰密切相关，反映了一般刺激冲突加工过程（Szücs et al.，2010）。

第三节　情绪对转换的影响研究概述

人类根据不同的环境需求，确定适当的反应，调节自身行为的复杂认知过程称为认知灵活性（Cognitive Flexibility）。认知灵活性的重要成分是任务转换，通常用转换代价表示，转换代价的大小能充分反映认知灵活性的大小。情绪的重要作用就是可以促进或干扰个体的认知。一般对正常个体来讲，正性情绪可以促进个体的认知能力，例如，对信息的注意广度增强，记忆内容增加，提高认知灵活性。而负性情绪可以阻碍个体的认知能力，例如，正常个体对负性信息的注意广度减小，降低认知灵活性。以下分别从情绪状态、情绪信息、情绪反馈方面评述情绪对转换的影响方面的研究。

一　情绪状态对任务转换的影响

任务转换过程涉及对前一任务的注意干扰抑制、对后续任务的准备状态、对新任务的任务重置等过程。情绪状态可以通过影响个体对相关信息的注意状态、对预期任务的准备状态，从而减少或增加个体的功能固着行为，影响个体的认知灵活性。

情绪状态可以通过影响个体的注意广度，进而影响个体的任务转换能力。研究已发现积极情绪状态可以增加注意广度，消极情绪可以减少注意广度。大多数的研究通过指导语诱导被试在完成实验之前想象特定的愉悦或悲伤的场景，或欣赏 7 分钟左右的正性或负性的乐曲，或者观看能引起愉悦、悲伤或愤怒情绪的视频片段诱导被试产生特定的积极或消极情绪状态（Ashby，Isen & Turken，1999）。Fredrickson 和 Branigan（2005）的研究发现，个体在正性心境下对涉及分层信息的整体—局部任务中对整体刺激特征的注意更多，在正性心境状态下能产生更多的分类，并且完成转换任务时更容易（Dreisbach & Goschke，2004）。而消极情绪则恰恰相反，消极情绪状态下，个体的注意会被分散、分类流畅性降低、难以产生新想法，这可能是因为个体在消极情绪状态下，更偏重于注意目标的细节特征以及外在环境的变化（Gasper，2003；Van Wouwe et al.，2010）。例如，Fredrickson（2005）采用电影诱发被试的快乐、满意、愤怒、焦虑共四种情绪状态，并且由中性条件作为控制条件，然后用整体—局部性知觉加工任务和想法—行为事件来评估被试在不同情绪状态下的注意范围和行为意愿，发现在两种积极情绪状态下的被试比中性状态和负性状态被试的注意范围广、计划要做的事件多。该研究说明，情境性的积极情绪可拓宽个体的注意范围、增加个体从事计划任务的能力，而消极情绪缩小个体的注意范围、降低个体从事新任务的能力。消极情绪可以促进认知和情感冲突加工过程（Zinchenko et al.，2015；Zinchenko et al.，2017），如负面情绪可能会通过增加对目标刺激的注意广度、减少与任务无关的情绪干扰完成情感冲突过程的加工（Zinchenko et al.，2017；Eysenck et al.，2007；Fredrickson et al.，2005）。王艳梅、郭德俊（2008）通过两个行为实验考察了积极情绪图片所诱发的情绪状态对任务转换的影响及其机制，结果发现在与中性条件相比时，积极情绪促进任务转换，消极情绪延缓任务转换，造成这种结果的原因是积极情绪状态下，个体的注意广度较大，有足够的认知资源对随后的任务进行准备，减少个体的功能固着行为，促进任务转换，提高认知灵活性。情绪状态通过影响个体的注意，进而影响个体的任务转换。消极情绪会阻碍任务转换可能与以下观点有关：人类的大脑存在一个“恐惧模块”，这个模块对威胁性刺激进行选择性的优先加工，促进认知控制（Öhman et al.，2001；Carretié et al.，2004）。积极情绪能促进任务转换，减少转换代价可能是由于个体处于积极情绪下，能够通过激活扣带回调节对任务的注意广度和认知控制机制产生更多的问题解决方案（Subramaniam et al.，2009）。

情绪状态影响个体的记忆，而个体对信息的记忆能力又可以影响个体对随后任务的预期准备状态。积极情绪状态促进个体对信息尤其是积极信息的编码和提取，负性情绪状态阻碍个体对信息尤其是积极信息的编码和提取。通过音乐和图片诱导被试的积极情绪和消极情绪，对个体不同心境状态下的记忆进行研究，结果发现积极情绪下，个体对积极信息的编码和提取增多，消极情绪状态下，个体对消极信息的编码和提取增多（Lewis，2005）。而 Tharp 等（2010）的研究发现，工作记忆广度大的个体任务转换过程中的转换代价小于工作记忆广度小的个体的转换代价。Kiesel 等（2010）认为，预期准备状态是线索编码和记忆提取的双重交互作用的结果。而情绪状态可能通过影响个体的记忆，造成不同的预期任务准备状态，进而影响个体的任务转换。

情绪状态通过扣带回的激活影响任务转换代价的大小。第一，情绪状态可能触发个体对不一致信息的执行控制功能，从而促进任务转换。Kanske 和 Kotz（2011）的研究发现，当个体对情绪刺激进行加工时，腹侧扣带回、背侧扣带回与杏仁核的功能连接加强。积极心境可以通过扣带回的激活增强冲突应对能力（不一致试次下的竞争性反应），提高执行控制能力，促进任务转换（Subramaniam et al.，2009）。第二，扣带回与选择性注意资源的分配密切相关。神经影像学的研究证实扣带回的激活参与到任务转换过程中目标刺激的定向和选择，但并不参与重复任务中靶刺激的激活（Petersen et al.，1998）。第三，扣带回的激活可以克服功能固着，调节任务转换和任务重复。在经典的色词 Stroop 研究中，个体在对不一致信息进行反应时的扣带回激活比对一致信息进行反应时的扣带回激活更明显，另一种可能是扣带回可以通过克服不恰当的优势反应来调节转换任务和重复任务。例如，经典 Stroop 研究中发现，个体在完成色词任务时，对不一致信息进行反应时大脑的扣带回会明显激活（Bench et al.，1993）。王艳梅、郭德俊（2008）的研究进一步证明在消极情绪下，前扣带回的多巴胺水平不升反降，致使前扣带回没有出现显著激活现象，损害了任务转换，但积极情绪下个体在完成任务转换时的前扣带回激活显著高于在中性情绪下完成任务转换时的扣带回激活水平。因此，研究者认为，在积极情绪与前扣带回的多巴胺水平升高密切相关，能够促使前扣带回的激活，从而促进任务转换。但消极情绪与前扣带回的多巴胺水平的激活也密切相关，只是消极情绪会使多巴胺激活降低，最终前扣带回激活不明显，不利于任务转换的完成。这说明反映情绪状态对任务转换影响的重要指标是扣带回的激活。

情绪效价能直接影响个体的任务转换。Clore 及其同事（2000）认为积极情绪状态下个体可以自由地探索新事物、新信息，而消极情绪状态下个体能迅速意识到危险，关注自我防卫。例如，Fredrickson（1998）认为，积极情绪会拓宽个体的注意广度和思维行为模式，摆脱思维定式，产生探索新事物的需求，使个体尽可能地关注新事物、增强个体的创造性，提高个体的认知灵活性。Forgas（2002）的研究则认为，积极情绪能够促进个体的信息加工过程，尤其是自上而下的信息加工方式，并且主要采用图式型的加工方式，不断整合外部信息，而消极情绪则能够促进个体对外部信息的注意，基于安全的需要，对外部刺激进行分析，是一种自下而上的分析型的信息加工方式。总之，积极情绪状态促进个体主要以同化的方式加工外部新异刺激，而效价情绪状态则基于进化的需求，从安全的角度促进个体对外部环境的适应（Fiedler，2001）。Hsieh

和 Lin（2019）通过诱导中性、积极和消极情绪考察个体在不同情绪状态下的任务转换，结果发现，消极情绪下个体的任务转换代价增加。

二　情绪信息转换的研究

目前，有关情绪信息转换的研究发现不同效价的情绪信息转换产生不同的转换代价。Li Qu 和 Philip David Zelazo（2007）采用两个实验研究情绪刺激对 3 岁儿童的规则应用能力的易化（Facilitation）作用进行。实验一采用 DCCS 实验范式，标准 DCCS 为红色和蓝色的兔子和船，分类任务为判断颜色和形状；改进的 DCCS 为情绪面孔图片（高兴、悲伤），分类任务为判断性别和情绪效价。结果发现情绪刺激可以影响个体的规则应用能力，对情绪刺激的性别判断和情绪效价判断任务的转换代价小于标准的颜色判断和形状判断的转换代价，实验二对改进 DCCS 范式下的情绪面孔细分为高兴、悲伤和中性，判断任务为年龄（成人、儿童）和性别（男、女），其余同实验一，结果发现只有正性情绪面孔的任务转换时间少于标准 DCCS 任务转换时间。该结果说明正性信息可以提高个体的认知灵活性，并且这种现象在特殊人群中也存在。Deveney 和 Deldin（2006）采用威斯康星卡片任务对抑郁个体的情绪信息转换加工进行研究，结果发现抑郁个体与正常个体相比在完成情绪信息转换加工任务时产生更多的错误反应。Lo 等（2011）的研究也发现，抑郁个体与正常个体相比，在完成情绪信息的注意转换任务时反应时更长，而在中性信息的转换任务时不存在困难。

当两类不同效价的情绪信息进行转换时，当前任务信息受前一任务信息的影响。Paulitzki 等（2008）的研究采用交替转换范式尝试对负性和中性任务之间进行转换，负性刺激材料为 32 张彩色蜘蛛的图片，中性刺激为奇数或偶数数字。任务 A 为判断蜘蛛为“多毛的”还是“光滑的”，任务 B 为判断数字为“奇数”还是“偶数”，研究者同时测量了被试对蜘蛛的恐惧程度，结果发现害怕蜘蛛的被试对威胁性任务的卷入程度较高，同时较难以退出威胁性任务，简单讲就是被试对一项任务的转换能力取决于另一任务的情绪卷入程度，而对恐惧蜘蛛的被试来讲，当上一任务为威胁性任务时，个体转入另一数字判断任务的平均反应时要长，上一任务为数字判断任务时，个体转入威胁性任务判断的平均反应时短。但 Paulitzki 的研究还存在一些问题：首先，该研究采用的被试为特定对蜘蛛存在恐惧情绪的被试，该类被试会对特定威胁信息产生过多加工，导致对数字判断任务的加工产生这种不对称性。其次，该研究的中性信息为数字，数字与恐惧图片的知觉特征不同，加工过程本身也可能存在差异。最后，该研究采用数字判断任务和威胁刺激判断任务之间的转换，数字判断任务和威胁信息判断任务的任务强度可能存在差异。这种设计难以说明威胁信息判断任务和数字任务判断的转换代价的差异是产生于两类任务的强度差异，还是负性、中性两类效价的转换代价的差异。而以往研究发现发现，任务强度是转换代价“非对称效应”产生的条件（Finkbeiner et al.，2006；Costa et al.，2004），正性信息与负性信息的转换代价也存在显著差异（Leleu et al.，2010）。例如，任务强度会影响双任务之间的转换代价。研究已发现，当个体在两个强度不同的任务间转换时，由复杂任务转向简单的地位的任务所产生的转换代价高于由简单的任务转向复杂任务所产生的转换代价，这种现象称为“非对称效应”（Allport et al.，1994）。双语研究中发现，相对于外语，母语是一种优势语言，当个体完成外语任务时，需要抑制母语任务的激活。由于母语比外语更易激活，因此，个体需要更多的资源抑制母语。而个体完成母语任务时，则不需要过多的资源抑制外语，因此个体在从母语任务转向外语任务时需要的转换代价与从外语任务转向母语任务时的转换代价不同，产生非对称效应。不过，如果个体的外语熟练到几乎等同于母语时，这种非对称效应便不再存在，这可能是因为在熟练应用外语的个体中，母语和外语已不存在难度差异了（Costa et al.，2004；Finkbeiner et al.，2006）。Yeung 和 Monsell（2003）采用 Stroop 范式对个体在字词阅读和颜色命名任务的转换研究中也发现了转换过程中“非对称效应”，但他们在研究中发现，该效应并不稳定，例如，如果延长字词阅读的时间或者减少反应阶段的干扰，该“非对称效应”将发生逆转，他们认为延长呈现时间或者减少反应干扰都会导致两类任务之间的干扰减小了，故“非对称效应”的产生必须满足保持两类任务之间的干扰足够大这一条件。因此，Yeung 和 Monsell（2003）提出了“非对称效应”产生的任务启动模型，该模型主要包含两点：“非对称效应”的产生需要前一任务对后一任务产生持续的正启动；两类任务之间存在任务强度的明显差异。Leleu 等（2010）的研究考察面孔熟悉性和情绪表达判断两类任务的转换，结果发现情绪表达和面孔熟悉性任务的转换均可受对方任务的影响，当情绪表达影响熟悉性辨认任务时，高兴的熟悉面孔所需时间较少，而熟悉性影响情绪表达时，负性的不熟悉面孔的错误率较低，这说明先前任务性质会影响当前任务的完成情况。抑制控制理论认为，当一个任务完成，一个新的任务开始时，已经完成的任务将对当前任务产生干扰，个体要顺利完成当前任务，需要有效抑制之前已完成的任务（Mayr et al.，2000）。根据该理论，先前任务是负性任务，个体转入中性任务时，需要更多资源抑制先前负性任务的干扰，从而导致个体的转换代价增加。

以上研究说明，情绪信息转换表现出明显的效价效应特点：相较于中性任务，个体完成情绪任务时所产生的转换代价更小，并且正性任务的转换代价小于负性信息的转换代价；当两个不同的效价信息进行转换时，前一效价信息会影响当前效价信息的转换。在特殊人群中，这种由情绪效价导致的转换代价的差异也同样存在，例如，恐惧个体和抑郁个体在完成负性信息转换所需的反应时间更长（Paulitzki et al.，2008）。

个体的转换除受到情绪状态、情绪信息的效价的影响之外，还受到个体任务完成后的反馈结果的影响。关于任务转换的反馈水平的研究多采用反转学习范式（“Reversal Learning”范式），该范式可以考察两个成分：编码成分和转换调节成分。编码成分主要是通过个体学习特定的刺激—反应联结（如中性刺激与奖励反馈会惩罚反馈相连）来实现，转换调节成分则反映了个体开始转向新的刺激—反应联结（如“情绪反馈”意味着个体改变原有的奖励刺激，学习新的奖励反馈）的过程，该过程体现了个体的转换能力。实验开始后，被试会在电脑屏幕上看到两张中性面孔，实验要求是猜测哪张面孔将变为高兴表情，如果被试猜对哪张中性面孔将变为高兴表情，随后的反馈中，这张中性面孔会表现为高兴表情。这个过程反映了面孔编码成分。持续4—8个正确反应之后，原先持续变为高兴表情的中性面孔将不再与高兴表情相连，此时，即产生反转，提示个体需要调节原来的反应连接，这个过程反映了面孔转换调节成分（Kringelbach & Rolls，2003；Robinson et al.，2010）。

三　情绪反馈对转换的影响

最常见的反馈结果为奖励反馈和惩罚反馈。奖励反馈即在个体顺利完成任务时给予奖品，常见如糖果、代金币、微笑面孔等。惩罚反馈即在个体没有顺利完成任务时给予撤销奖品、愤怒或悲伤的表情等。研究发现正性奖励反馈和负性惩罚反馈对个体任务转换的影响不同。Cools等（2002）首次对正常个体在完成预期反转学习任务时的大脑激活状况进行研究，该研究分离了刺激—反馈学习和负性反馈的大脑激活区域，研究结果发现，当个体停止对重复试次的反应并转向反转试次的反应时，腹外侧前额皮质和腹侧纹状体明显激活，但当个体的正确反应受到负性反馈时，腹外侧前额皮质和腹侧纹状体并未发现明显激活现象。这可能与奖赏系统和动机的脑区相连有关（Cools et al.，2002）。但是，该研究采用的刺激材料为非情绪刺激，反馈时采用的是简笔画面孔（抽象面孔）。在现实生活中，人们经常需要根据不同效价的情绪材料调整自身行为。为此，Remijnse等（2005）第一次采用情绪材料所诱发的神经基础作为基线水平，依托fMRI技术对反转学习任务的大脑激活特点进行研究，结果发现背侧前额、前额叶、OFC、岛叶和前额叶参与情绪信息转换（Affective Switching），并且正性和负性信息诱发的脑区活动存在差异。为进一步考察个体面对他人面部表情的变化调节自身行为的特点，Wills 等（2010）对涉及面孔一致性和情绪表达的转换过程进行研究，结果发现在刺激呈现 375 毫秒时，愤怒面孔和高兴面孔反馈涉及的转换过程开始分化。当反馈是愤怒面孔时，转换涉及的 P3a 的波幅降低，P3b 的潜伏期延迟，在行为学上的表现即是个体面临愤怒面孔的反馈而不是高兴面孔的反馈时，个体的转换更难，持续时间更长。其他研究也发现类似的结果（Kringelbach and Rolls，2003；Robinson et al.，2010）。以上研究结果说明，不同效价的反馈信息会干扰任务转换，具体来讲，正性反馈可以促进个体的任务转换，降低转换代价，而负性反馈（如惩罚）则可以阻碍个体的任务转换，增加转换代价。这可能是因为当个体面临负性反馈时，个体需要更多的认知资源来抑制负性反馈对当前任务产生的干扰作用。

第四节 情绪加工偏向研究概述

个体对情绪信息的加工存在一种“负性偏向”，即相较于正性信息和中性信息，负性信息通常能更快地吸引注意，优先得到认知加工。除此之外，人类的情绪信息加工还存在效价强度的差别，即个体不仅在同一情绪极性之内，对不同强度的情绪信息的体验不同，而且在相同强度下，对不同极性的情绪信息的体验也不同。

一 情绪负性加工偏向研究

Cacioppo 等（1994）提出厌恶—防御动机系统和喜好—趋近系统，并且认为喜好—趋近系统与正性情绪相关的信息的加工有密切关系，而厌恶—防御系统则主要负责负性情绪效价相关的信息的加工处理，并且，正性情绪有关的喜好系统与负性情绪相关的厌恶—防御系统相比，正性情绪有关的反应将低于负性情绪有关的反应，最终导致正性情绪刺激所引起的情绪体验低于负性情绪刺激所引起的情绪体验。例如，失掉一次升值加薪的机会所带来的烦闷、伤感要比终于得到升迁的机会所产生的喜悦、高兴情绪持续时间更久。这种由不同效价所致的情绪信息加工的差异具体体现为对负性情绪刺激的注意偏向、记忆偏向，即负性材料更易吸引个体的注意、进而增强记忆，并且这种加工有可能是自动化的。有研究者对被试的面孔识别能力的实验发现，个体从众多愉悦面孔中挑选负性面孔的速度高于从负性面孔中挑选出愉悦面孔的速度，这说明负性面孔相较于愉悦面孔更易吸引个体的注意力，产生对负性信息的负性加工偏向（Hansen et al.，1998）。在单词再认任务中也发现，无论是阈上还是阈下刺激呈现方式，负性词的再认反应时明显快于正性词和中性词的再认速度，并且负性词的记忆准确率显著高于正性词和中性词（Inaba et al.，2005）。并且这种负性加工偏向也存在于阈下呈现过程中。对情绪信息加工的研究发现阈上和阈下呈现过程中均存在负性偏向（Hansen et al.，1988；Pratto et al.，1991）。该负性加工偏向在特殊人群（如抑郁情绪个体）中表现尤为明显。Steffen Moritz 等采用情绪词对抑郁个体和正常人的记忆研究发现，抑郁个体和正常人均能更快地识别出负性信息词。以上结果说明，相比于正性和中性的信息，个体对消极信息存在一种优先处理现象。也就是说，相比于正性和中性的信息，负面信息会更容易被注意到，最先进入工作记忆，优先加工。

核磁影像方面的研究发现杏仁核在情绪加工中起非常重要的作用，具体表现在杏仁核参与消极情绪的加工，但不参与积极情绪的加工（Ledoux，1996）。Hariri 利用功能核磁共振的研究发现，基于长期进化过程中形成的对威胁刺激的警觉性加工，杏仁核对愤怒、恐惧的表情等威胁信息的反应敏感，但该敏感性并不针对威胁性场景（Hariri，2002）。研究者发现，杏仁核对威胁性情绪刺激的反应不依赖于注意水平，它对威胁性情绪刺激的快速反应是以皮层下的，材料驱动的，几乎是自动的方式进行，这一过程即使在注意缺少或者阈下的条件下也能发生（Vuilleumier et al.，2001）。基于事件相关电位的研究发现，无论是早期初级感觉加工过程还是晚期的认知评价及抑制控制的加工过程中，均表现出不同效价的情绪信息所引起的 ERP 成分存在明显不同。Huang 等利用事件相关电位技术，对面孔识别任务的研究发现情绪影响早期初级感觉加工过程，具体表现为负性信息条件相关的额区 P2 成分的波幅显著大于与正性信息相关的额区 P2 波幅（Huang and Luo，2006）。同样，无论是男性还是女性，均表现出中央区 N2 成分在负性情绪条件下的波幅比正性情绪条件下的波幅显著增强（Campanella et al.，2002）。蒋长好等的研究发现个体在加工悲伤和愉快面孔区分任务时，刺激呈现后 200—400 毫秒在额区和中央区出现了效价效应，具体表现为悲伤面孔所诱发的 ERPs 较愉快面孔诱发的 ERPs 更正，而情绪面孔比中性面孔在中央顶区和枕区诱发更大的 P3 成分或 LPC 波幅，该过程反映了认知评价和抑制控制加工（蒋长好等，2007）。总之，杏仁核在负性情绪的加工中起非常重要的作用，个体对情绪信息的加工产生的负性加工偏向不仅发生在早期认知加工阶段，也发生在晚期的认知评价或反应阶段（Huang and Luo，2006）。

二　情绪效价强度效应

人类对不同效价情绪信息的认知加工除了具有效价效应之外，对不同强度的情绪信息的感知也是不同的。这种感知的差别可能包含对同一效价信息的不同强度的感知不同，也可能包含对不同效价、相同强度的情绪信息的感知存在差别（Yuan，2009；Feng et al.，2009）。例如，买福利彩票中奖这一正性事件，中奖 50 元和中奖 50 万元的所引起的个体感受是可能存在差异的；类似地，丢钱这一负性事件，丢 5 毛钱与丢 5000 元所引起的个体的郁闷情绪是存在明显差别的；显而易见，即使同样数目的金钱，中奖这一正性事件与丢钱这一负性事件所引起的情绪对个体的影响是不同的，在效价强度相似的情况下，负性事件所产生的负性情绪对个体的情绪等方面的影响持续可能更久，这可能与人类普遍存在的对负性信息的加工偏向有关。有研究发现，个体对恐惧面孔的强度变化敏感，对高兴面孔的强度变化不敏感。相对于典型的（100%强度）的恐惧面孔，高强度的恐惧面孔（150%）诱发了一个延迟的N170成分，和始于N170之后的在左侧延迟120毫秒、右侧延迟200毫秒的负性反转成分。但高兴面孔并未表现出这种倾向，因此，延迟的N170和刺激呈现后的200—300毫秒的负性成分是负性刺激强度变化的敏感成分，这可能与杏仁核活动有关（Leppänen et al.，2007），袁加锦（2009）采用Oddball分类实验模式对情绪效价效应的研究也发现，相对正性情绪信息，个体对负性情绪信息的效价强度变化更为敏感，且不同强度的负性情绪对视觉新异性加工过程产生不同的影响。总之，人类的情绪加工中存在效价强度效应，相对于正性信息的效价强度变化，对负性信息的效价变化更敏感。

人类对不同效价的情绪信息的强度变化的感知有个体差异性（Montagne et al.，2005；Amin，Constable & Canli，2004；袁加锦，2008）。首先，人格特质影响个体对效价强度的感知。采用线索—目标范式的研究发现，高外倾个体的注意很难从正性刺激呈现的位置转移，而高神经质得分的个体其注意也很难从负性刺激呈现的位置转移（Amin，Constable & Canli，2004）。多种人格特质与情绪活动具有密切关系，尤其是外倾性与神经质人格特质对情绪的影响较大（Costa & Mccrae，1991）。神经质人格特质与个体的负性情绪感受呈正相关，而内—外倾人格特质与个体的正性情绪感受高度相关，神经质得分与左侧额中回、左侧颞中回对负性图片的反应水平呈显著正相关：神经质得分越高，该神经网络表现出对负性图片更强的大脑激活反应。其次，性别差异影响个体对效价强度的感知。Montagne和Scholten（2005）等研究者采用表情识别任务一致观察到女性比男性更善于识别情绪信息的变化。Hofer等（2006）的研究发现，无论诱发正性还是负性情绪，女性都比男性表现出左侧小脑等诸多皮层结构及皮层下神经核团更大脑激活的现象。袁加锦（2009）的研究也发现，人类对情绪效价强度的感知不仅有人格特质方面的差异，还有性别男女的差异，具体表现为男女对极端负性刺激的感受性无显著差异，但女性对中等强度负性刺激有更高的感受性。最后，特殊人群对效价强度的感知不同。例如，特质性焦虑个体对负性刺激的加工偏向强度显著增强，而对负情绪事件的觉察速度也比非焦虑个体要更快（Williams et al.，2007）。

综合负性加工偏向研究和情绪效价强度效应的研究发现，情绪效价会影响个体的认知灵活性（Paulitzki et al.，2008；Kringelbach & Rolls，2003；Robinson et al.，2010）。正性效价能促进个体的认知加工，具体到转换能力，积极情绪能促进转换任务的完成，降低转换代价；对积极信息的转换较负性信息的转换所产生的转换代价较小；转换任务完成后，给予正性反馈将有利于个体接下来的转换任务的完成，缩小转换时间，降低转换代价。而负性效价对认知加工的影响则与正性效价对认知加工的影响相反。但目前涉及情绪信息转换的研究还存在一些不足：

首先，有些研究忽略了情绪信息和物理信息的差异，对物理任务特征是否会影响情绪信息转换未进行研究。情绪信息转换的研究通常通过两个物理任务的转换来考察不同效价信息的转换代价的差别（Kringelbach & Rolls，2003；Robinson et al.，2010）。该类研究的前提是物理任务的特征不会干扰情绪信息的转换加工，但实际情况未必如此。例如，目标刺激（情绪图片、情绪面孔、情绪词汇）的情绪信息得到加工时，可能会干扰物理认知信息的加工（如性别判断、颜色判断、年龄判断）。Li Qu 和 Philip David Zelazo（2007）的研究中，当个体进行情绪面孔的物理特征加工（性别判断任务）时很可能受到情绪面孔的效价的影响，但当个体进行情绪信息（效价判断）的加工时，物理信息特征（性别判断）却无法干扰情绪信息的认知加工。而物理信息与情绪信息的加工机制可能不同，例如，刘亚和王振宏（2011）的情绪信息和物理信息效应的比较研究证实，情绪 Stroop 与经典 Stroop 效应的产生机制是不同的，表现为威胁性的情绪信息导致认知加工速度的一般性延缓是由于个体对威胁性信息的过度加工，从而导致个体产生经典的情绪 Stroop 效应，而经典 Stroop 效应的产生则是由于普遍存在的个体对某类信息的选择性注意机制。因此，在研究情绪信息转换时排除物理信息特征尤其是任务强度的干扰是非常必要的。

其次，情绪信息转换的研究关注个体在完成同一效价的两个任务之间进行转换产生的转换代价，然后比较不同效价间任务转换代价的差别。这种研究方式虽然可以比较不同效价的转换代价的差异，但是忽略了前一效价的情绪信息对当前效价的情绪信息可能产生的干扰影响。物理信息对作业任务的特性反应敏感，但情绪信息对效价变化反应敏感（Algom et al.，2004）。当个体完成情绪信息转换任务时，前一效价信息可能会干扰当前效价信息的转换反应时，但目前的研究并未对两类不同效价间信息进行转换时，相反效价信息对当前信息产生的干扰进行研究。而物理信息的研究发现，当两个不同任务强度的信息进行转换时，个体转向简单的、优势任务产生的转换代价与个体转向复杂的、劣势任务产生的转换代价存在显著差异，产生“非对称效应”（Costa et al.，2004；Finkbeiner et al.，2006）。那么，两类不同效价的情绪信息转换过程中是否存在类似的“非对称效应”？

再次，情绪加工的“负性偏向”是否会影响情绪信息转换，产生转换加工的“非对称效应”。情绪认知加工偏向的研究表明，一方面，个体对不同效价信息的加工存在差别，情绪信息相较于中性信息优先得到加工，其中，负性信息优先于正性信息更易加工。另一方面，情绪加工偏向中还存在效价强度效应，效价强度的变化会影响个体的认知活动，相对于正性信息的效价强度变化，个体对负性信息的效价强度变化更敏感。有研究者对恐惧症个体的研究发现，当个体从数字奇偶性判断任务转换到情绪信息的细节判断任务时产生的转换代价，与当个体从情绪信息的细节判断任务转换到数字奇偶性判断任务时产生的转换代价存在差异（Paulitzki et al.，2008），那么，基于情绪信息加工的负性偏向以及效价强度效应，不同情绪信息的加工优势度存在显著差异，个体在不同效价情绪信息间转换时，所需的转换代价将存在差异。具体来讲，相对于中性信息，情绪信息是一种优势信息，当个体完成中性信息时，需要更多的资源抑制优势信息的加工，而当个体完成情绪信息时，只需较少资源即可抑制中性信息的干扰。同样，情绪信息内部，负性信息相对于正性信息是一种优势信息，当个体完成正性信息时，需要更多的资源抑制负性信息的加工，而当个体完成负性信息时，只需要较少的资源抑制正性信息的加工。那么，当两个不同效价的情绪信息进行转换时，是否会产生基于“负性加工偏向”的“非对称效应”。

最后，以往研究中发现特殊人群中也存在对情绪信息的转换与中性信息的转换存在差别（Paulitzki et al.，2008；Deveney & Deldin，2006；Lo et al.，2011），说明特殊人群（如恐惧个体、抑郁个体）可能存在对情绪信息转换的加工缺陷。那么，揭示情绪信息转换的特点及产生机制对进一步研究特殊人群的转换能力具有重要的临床意义。

第五节 研究设计

本书的研究属于实验室研究，由四部分组成。第一部分是关于情绪信息转换是否存在“非对称效应”这一现象；第二部分是关于该现象产生原因的行为学研究；第三部分采用事件相关电位揭示该现象产生的电生理基础；第四部分进一步探讨该现象产生的心理机制。

一 情绪信息转换是否存在“非对称效应”

以往通过情绪对认知灵活性的影响研究发现，一般对正常个体来讲，正性情绪可以促进个体的认知转换，例如，对信息的注意广度增强，记忆内容增加，提高认知灵活性。而负性情绪可以阻碍个体的认知转换，例如，正常个体对负性信息的记忆减少，降低认知灵活性。但是，该类研究多数采用情绪作为背景、情绪刺激与非情绪刺激比较（如 Paulitzki 将威胁刺激与数字刺激比较，考察情绪刺激的转换特点）、情绪作为反馈信息，考察不同情绪反馈对转换的影响。大量行为学研究结果显示（Cacioppo et al.，1999），个体对情绪信息的加工存在一种“负性偏向”，即负性情绪刺激通常能更快地吸引注意，优先得到心理加工，在行为上集中表现为个体在情绪评价任务中对负性刺激相关的任务的反应时变短。当个体进行转换时，当前任务将受到已经完成任务的影响，这种影响既可能是正启动式的影响，也可能是干扰影响。因此，当个体完成两类不同效价情绪信息的转换时，前一任务的效价会影响当前效价任务的加工，而以往有关情绪信息的转换研究均多未考虑到两类效价的前后影响。那么，当个体在完成两类不同效价情绪信息的转换时，是否会产生基于情绪信息加工偏向的“非对称效应”。即当个体在转向中性情绪时的转换代价与转向正性或负性情绪时的转换代价是否存在差异，从负性转向正性情绪时的转换代价与从正性转向负性情绪时的转换代价是否存在差异？换句话说，在情绪信息转换加工中，不同效价信息的转换代价是否存在差异，产生“非对称效应”。

二　情绪信息转换“非对称效应”是否受效价强度的影响

以往研究发现，人类情绪活动不仅存在情绪类型和情绪极性（正性、负性）之分。即使在同一情绪极性之内，个体的情绪体验也有情绪体验的强度的差别，也即效价强度的差别。日常经验告诉我们，不同强度的负性情绪状态对个体生存适应的影响是不同的。例如，强度较低的负性情绪对正常认知活动，如记忆、思维以及对决策活动影响较小，个体可以通过监控机制和合理归因等方法进行调节，从而恢复情绪保持心理健康；而高负性的情绪会严重影响个体的记忆，阻碍创造力的发挥，也很容易导致个体做出不明智的决策（Huang & Luo，2004；Watkins et al.，1996）。而不同效价的情绪信息转换的转换代价不同，那么，效价强度的差异是否会影响情绪信息转换，效价强度的差异是否会影响情绪信息转换“非对称效应”的产生？

三 情绪信息转换“非对称效应”产生的神经基础

虽然行为学技术可以解释情绪信息转换的“非对称效应”的特点及产生条件。但是，该结果可以解释为个体在情绪信息转换的早期注意知觉选择上对重复任务和转换任务分配了不同的注意资源，并且个体对不同效价的重复任务，尤其是转换任务分配的注意资源是不同的，从而产生不同效价信息转换时反应时的差异，但也有另外一种可能，个体在长期的进化过程中形成对重复任务的习惯化反应，而转换任务时涉及个体对新异刺激的偏好，对负性信息形成更强的反应倾向，从而产生转换的“非对称效应”，而不同效价信息转换时在注意知觉选择上并无差异。因此，行为学技术对情绪信息转换的研究有其局限性，该技术无法探明脑内究竟发生了什么变化。事件相关电位技术有较高的时间精确度，能反映个体的反应速度和大脑活动的兴奋性。任务转换的研究发现，转换任务与重复任务相比，在靶刺激呈现后的顶区将出现一个任务相关负波 N170，转换任务所引起的 N170 波幅将比重复任务所引起的 N170 波幅更负（Karayanidis et al.，2003）。除此之外，顶区 P3 波幅也与转换任务的完成密切相关，并且其峰值在顶区达到最大值（Nicholson et al.，2006；Nicholson et al.，2005）。但情绪认知的研究发现，N170 成分和 P3 成分受情绪效价和效价强度的影响。从反映早期面孔的特异性加工的顶区 N170 成分开始，延续到刺激呈现后 600 毫秒，在顶区可观察到 ERP 负波，并且该负波随着负性信息的效价强度的增大而增大（Sprengelmeyer & Jentzsch，2007）。进一步研究发现负性信息诱发的早期成分受效价强度的影响，但正性信息的诱发成分却不受效价强度影响（Leppanen et al.，2007）。Goldstein 认为 P3 成分与个体的认知评价和抑制控制密切相关（Goldstein et al.，2002）。因此，在该成分上，人脑对情绪内容已经有了清晰的认知。情绪信息在这个阶段已经得到了充分的表征和分析，属于精细加工过程。P3 波幅的大小可能作为个体对负性情绪信息抑制程度高低的一个指标：抑制程度越高，波幅越小，抑制程度偏低，则波幅变大（Goldstein et al.，2002）。那么，基于“负性加工偏向”产生的情绪信息转换的“非对称效应”的神经机制是什么，N170 和 P3 能否反映情绪信息转换的“非对称效应”？

四 情绪信息转换“非对称效应”产生的心理机制

情绪信息转换研究发现，当前任务的激活状态受之前完成任务的情绪启动或情绪抑制的影响。如果是情绪启动起作用，那么，情绪任务能否以激活增强的方式而不是抑制增强的方式使个体转向中性任务时的转换代价小于个体转向优势情绪任务的转换代价（情绪任务激活水平较高，促进了当前任务的完成，而中性任务的激活水平较低，对当前任务的影响较低）。如果是情绪抑制起作用，那么，非对称效应产生将与个体的冲突抑制监控有关。由于情绪任务的激活水平高于中性任务，如果当前任务是中性任务，个体将需要更多的资源抑制之前反应的优势任务，导致个体的转换代价高于当前任务是情绪任务时（由于中性任务的激活水平较低，个体在情绪任务下只需较少的资源即可抑制先前的中性任务）。

因此，本书的研究借鉴 Garavan（1998）提出的计数任务转换范式对经典注意分心转换范式进行改进，控制了任务难度对情绪信息转换的干扰，采用改进的注意分心转换范式，考察情绪信息转换的“非对称效应”的产生及机制。首先，直接对两类效价之间的转换进行研究，揭示情绪信息转换的“非对称效应”现象是否存在；其次，在情绪信息转换的“非对称效应”存在的基础上揭示该效应产生的影响因素；再次，在上一研究的基础上对该效应产生的神经基础进行研究；最后，对该效应产生的心理机制进行研究，揭示抑制控制在该效应中的作用。

第六节 研究假设

本书研究的主要目的是考察情绪信息转换“非对称效应”现象

的产生条件及其机制，研究假设如下：

1. 考察情绪信息转换的特点

以往研究发现个体对情绪信息存在普遍的“负性加工偏向”。一方面，相较于正性信息或中性信息，个体能更快地注意、记忆负性信息；另一方面，相较于正性信息，个体对负性信息的强度变化更敏感。情绪对转换加工的影响研究发现，个体对正性信息的转换加工产生的转换代价小于个体对负性信息或中性信息的转换加工产生的转换代价。而个体的转换代价受前一任务的加工的影响，例如，前一任务的后效可能会促进或阻碍当前任务的完成，当个体在两个强度不同的任务间转换时，会产生“非对称效应”。那么，个体在完成某一效价的情绪信息转换所产生的转换代价，与个体再完成另一不同效价的情绪信息所产生的转换代价是否存在差异？因此，本书的研究考察个体在进行不同效价的情绪信息转换时是否也存在“非对称效应”。

2. 考察情绪信息转换“非对称效应”的产生条件

情绪信息进行加工时，情绪效价会影响个体对信息的认知加工，因此，当个体执行不同效价的情绪信息转换时，效价可能是影响“非对称效应”产生的重要条件。除此之外，效价强度也是影响个体对信息的认知加工的重要因素，并且个体对同一效价不同强度的信息的敏感度不同，对同一强度不同效价的信息的敏感度也存在差别。因此，当个体执行不同强度的情绪信息转换或者相同强度不同效价的情绪信息转换时，可能也存在不同的“非对称效应”。本书的研究考察个体效价强度和效价在情绪信息转换“非对称效应”中的作用。

3. 考察情绪信息转换“非对称效应”的脑电基础

靶刺激呈现后在顶区产生的加工负波 N170 与转换加工有关，而晚期 P3 成分反映了个体对不同情绪信息尤其是负性信息的抑制特点。情绪信息转换“非对称效应”的产生既可能与早期注意加工有关，也可能与晚期个体对不同效价信息的抑制不同有关。因此，本书的研究考察 N170、P3 是否与情绪信息转换“非对称效应”有关。

4. 考察情绪信息转换“非对称效应”的抑制机制

情绪信息转换“非对称效应”的产生可能与个体对先前任务的正启动有关，也可能与个体对前一任务的抑制有关。因此，本书的研究考察情绪信息“非对称效应”产生的心理机制。

第二章

情绪信息转换的特点

过去几十年的实验研究主要关注情感障碍的易感性、发展历程、维持和复发的认知过程。研究发现，在处理积极和消极生活事件时存在明显的个体差异，表现为有些个体能够迅速调节、适应生活事件，而有些个体则会产生情感障碍。早期对此类问题的研究主要集中在个体的心理弹性上（Lazarus，1993；Leipold & Greve，2009）。心理弹性指人们面对突发的生活事件（尤其是压力和逆境）时，应对、恢复或反弹的能力（Lazarus，1993；Leipold & Greve，2009），强调个体对不断变化的环境（压力和逆境）的适应能力和对环境变化的敏感性。心理弹性高的个体能够灵活应对不断变化的环境，内心相信自己完全有能力应对此类事件，且在实际应对中能顺利渡过难关（Block & Block，1980；Connor & Davidson，2003；Luthar，Cicchetti & Becker，2000；Wagnild & Young，1993）。广义上讲，心理弹性反映了个体对压力和逆境的抵抗，也反映了个体对不断变化的环境的适应能力。尽管研究者关注的重点是压力、逆境或者负性事件，积极的人生重大事件一样需要个体调动心理弹性能力来应对（Fletcher & Sarkar，2013）。

心理弹性是一个相对宽泛的概念，包含很多的成分，其中，根据不断变化的环境要求，转换心理活动和目标行为，保持内心世界与外界的平衡的成分被称为认知灵活性（Kashdan & Rottenberg，2010）。认知灵活性反映了个体有意识地进行不同任务（或适应环境变化）的能力，是执行功能的一个重要组成部分。认知灵活性可以采用任务转换方式研究。揭示情绪信息的任务转换特点及机制是近年来研究者关注的热点（Genet & Siemer，2011）。Genet 等采用任务转换范式对不同任务之间的转换进行研究，任务 A 要求被试关注情绪词汇的情感信息，任务 B 要求被试关注非情感信息。研究者称这种与情绪有关的转换为“情绪弹性”或“情绪信息转换”。这种“情绪信息转换”能力是情绪调节能力的重要组成部分之一（Gross，2007）。

第一节　情绪效价对任务转换的影响

最初研究任务转换时并不考虑情绪信息的效价可能带来的影响，但后期的研究发现，由于不同的效价信息可能会唤起个体不同的认知反应，情感信息的效价（如积极信息和消极信息）可能会导致不同的转换代价（Schwarz，1990）。例如，心境或情感信息的效价可能作为线索唤起个体对未来情景的预先注意。当线索为积极效价信息时，个体倾向于将未知的情景预知为安全的环境，可以良好的适应；当线索为消极效价信息时，个体更倾向于将未来预知为危险环境或情景，提前做准备。因此，在研究任务转换时必须考虑线索背景或认知加工的信息的不同效价。研究者（Genet，Malooly & Siemer，2013）采用情绪任务（判断呈现图片的情绪效价）和非情绪任务（如判断图片中有几个人）考察个体在不同心境下的任务转换特点。结果发现当被试观看悲伤电影片段后，无论刺激材料是正性信息还是负性信息，被试转向非情感任务和情感任务的转换效率都有大幅提高。这说明认知灵活性与情绪、情感的上下文密切相关。认知任务的转换困难很可能来源于情绪任务引起的持续性挫折（Johnson，2009a；Johnson，2009b）。以上研究表明情绪的效价会影响认知灵活性。

当个体加工两个强度不同的任务时，先完成强势任务与先完成弱势任务时产生的转换代价存在显著差异，这种由强弱不同的转换顺序所致的转换代价的差异就是“非对称效应”（Allport et al.，1994）。该效应与双语研究中发现的先完成母语任务与先完成外语任务时产生的转换代价的差异类似。这可能是由于个体在完成当前目标任务时，需要抑制先前目标任务的干扰，而母语或强势任务的激活水平较高，由此产生的干扰也更大，外语或弱势任务的机会水平较低，由此导致的干扰则较小，这种激活水平的不同直接导致个体在完成当前任务并排除干扰任务所需的认知资源产生明显的差异，从而导致了非对称效应的产生。由于熟练应用双语的个体的母语和外语的激活水平不存在差异，这种效应不会产生（Costa et al.，2004；Finkbeiner et al.，2006）。

“非对称效应”的产生可能受当前任务的激活状态之前完成任务的启动状态与当前任务强度交互的影响，也可能与个体的冲突抑制监控有关，不同的抑制水平导致个体转向简单任务和复杂任务时产生的转换代价不同。这其中有两点非常重要。首先，“非对称效应”的产生意味着要有两个强度不同的任务，强度不同可能产生不同的启动状态或抑制监控状态。其次，“非对称效应”反映了先前任务对后续任务产生影响。有研究者（Koch & Philipp，2005）认为，优势任务以激活增强的方式而不是抑制增强的方式（负启动）使个体转向复杂任务时的转换代价小于个体转向优势任务的转换代价（优势任务激活水平较高，促进了当前任务的完成，而复杂任务的激活水平较低，这种激活作用较低）。也有研究者（Yeung & Monsell，2003）认为，个体对优势任务和复杂任务产生的冲突监控水平不同，而不同的抑制水平导致个体转向简单任务和复杂任务时产生的转换代价不同。当个体进行任务转换时，先前任务设置持续存在对当前任务产生干扰。优势任务完成后，产生的任务后效更大，对当前任务产生的干扰更大，而劣势任务完成后，产生的任务后效更小一些，对当前任务产生的干扰较小。而完成当前任务必须有效抑制前任务的干扰，而抑制任务干扰的能力取决于任务设置的强度。当个体转向复杂、劣势任务需要较强的前任务设置抑制水平，而转向简单、优势任务需要较小的前任务抑制水平。由于当个体开始当前任务时，需要从前一任务的抑制中脱离，故而个体转向简单、优势任务时产生的转换代价大于转向复杂、劣势任务的转换代价，产生“非对称效应”（Yeung & Monsell，2003；Finkbeiner et al.，2006）。

大量研究发现，人类对情绪信息的加工与单纯的物理信息加工存在差异，与中性信息相比，情绪信息存在“加工易化”现象（Lewis & Critchley，2005）。也就是说，人类更易注意、记住情绪信息，在信息加工过程中，情绪信息具有优先性（Cacioppo et al.，1999）。人类的情绪信息存在正负性之分，与正性信息相比，负性信息的加工更容易，存在普遍的负性加工偏向，具体表现为人类对负性信息的感知、记忆更加敏感，负性信息的加工存在明显的优先性。有研究表明，个体对情绪信息的注意更多，且对负性信息的有意注意和无意注意均高于正性信息，记忆最多，用时最快，脑区激活最高（Lewis & Critchley，2005）。人类对情绪信息和中性信息的加工、正性信息和负性信息的加工存在不平衡性，情绪信息的加工更简单，并且负性信息的加工更具有优势。

那么，基于情绪信息本身的加工优势度的差异，以及不同效价的前后干扰或启动效应的差异，情绪信息转换过程是否存在“非对称效应”？为揭示该问题，本书的研究采用改进的注意分心转换范式，以不同情绪面孔为刺激材料，考察情绪信息转换是否存在“非对称效应”。

第二节　情绪信息转换的行为学研究

研究中使用的主要问卷材料包含焦虑自评量表、抑郁自评量表和贝克自评问卷。焦虑自评量表（Self – Rating Anxiety Scale，SAS）：由 William W. K. Zung 编制，是筛查正常个体和临床个体的最近一周的焦虑情绪的常用自评问卷之一。该问卷多用于疗效评估，不能作为临床诊断工具。该量表的所有题目均采用 4 级评分，其中，“1”表示没有或很少时间，“2”表示小部分时间，“3”表示相当多的时间，“4”表示绝大多数或全部时间。量表指标最后采用 20 个项目的题目得分相加的总分或者标准分（总分乘以 1. 25 以后取整数部分）。标准分越高，说明个体的焦虑症状越明显。抑郁自评量表（Self—Rating Depression Scale，SDS）：由 Zung 于 1965 年编制，主要用于精神药理学研究，是评价个体最近一周的抑郁情绪的常用自评问卷之一。该问卷采用李克特 4 点评分，1、2、3、4 分别代表很少、有时、经常、持续，其中 2、5、6、11、12、14、16、17、18、20 题为反向计分题，即 1、2、3、4 依次计为 4、3、2、1 分。量表的总分为反向计分后的所有题目得分的总和。量表的标准分（T 分数）为总分 X 1. 25 并四舍五入取整数。量表的分值越高，说明抑郁倾向越明显。中国常模中，当 T 分数小于 53 分时，说明抑郁情绪不严重；当标准分数在 53—62 分时，说明个体有轻度抑郁情绪；当标准分数在 63—72 分时，说明个体有中度抑郁情绪；当标准分数在 72 分以上时，说明个体存在重度抑郁情绪，需要及时进行专业治疗。贝克抑郁问卷（Beck Depression Inventory，BDI）：由心理学家贝克编制，是筛查个体最近一周的抑郁程度的自评问卷。该问卷共有 21 个自评项目，每个项目有 4 个描述，按照 0、1、2、3 的标准计分。按照 21 个题目的得分总和算出总分。总分越高，说明个体的抑郁症状越明显。当总分在 0—4 分，说明个体不存在抑郁情绪；当总分在 5—13 分，说明个体有轻度抑郁情绪，需要加强日常调节；当总分在 14—20 分，说明个体有中度抑郁情绪，需要相对专业的调节；当总分在 21 分以上，说明个体有重度抑郁情绪，建议去看专业心理医生。

采用贝克抑郁问卷（BDI）、抑郁自评量表（SDS）和焦虑自评量表（SAS）以整群抽样的方法对某大学300名本科生和研究生进行筛选，从中随机挑选符合条件的33名在校学生作为有偿被试（SAS < 50，SDS标准分 < 53和BDI < 4）。该组被试的男女构成比例为16∶17，年龄范围在18—26岁，平均年龄约为22岁。所有被试智力正常、视力或矫正视力良好，没有先天性色觉障碍、无抑郁、焦虑等心理疾病发作史，近两周内没有急、慢性感染、无创伤、发热及过敏史，无酒精以及药物滥用史，所有被试均为右利手。所有被试均为自愿参与实验，实验开始前签署知情同意书，实验结束后发放实验报酬。被试总共需要完成三个实验，这三个实验之间是独立的。但由于是情绪相关的实验，为避免上一实验对下一实验的影响，每个实验完成之后做一个连减三的数字运算并间隔10分钟再进行下一实验。

实验材料从中科院情绪面孔图片库选取510张情绪面孔（正、负和中性各170张），其中正、负和中性各150张用于正式试验，正、负和中性各20张用于练习实验。整个实验分为三个分实验，实验一为正性信息（A任务）和中性信息（B任务）之间的转换，实验二为负性信息（A任务）和中性信息（B任务）之间的转换，实验三为正性信息（A任务）和负性信息（B任务）之间的转换。三个分实验的正式实验各包含8个block，120个trial。每个block包含15张情绪面孔，其中，实验一为正性情绪面孔8（7）张，中性面孔7（8）张，实验二为负性情绪面孔8（7）张，中性情绪面孔7（8）张，实验三为正性情绪面孔8（7）张，负性情绪面孔7（8）张。为防止顺序效应，4个block的任务序列为A*AA*B*B*AB*B*A*A*BA*A*B*B*，另外4个block的任务序列为B*BB*A*A*BA*A*B*B*AB*B*A*A*（斜体加下画线的字母为重复任务，其余为转换任务，每个系列的第一个字母不纳入分析）。

为揭示情绪信息转换是否存在“非对称效应”现象，采用2（任务类型）×2（效价）两因素被试内实验设计。其中，任务类型包含重复任务和转换任务两个水平，效价包含正性和中性（实验一)、负性和中性（实验二）、正性和负性（实验三）两个水平。任务类型和效价是自变量，反应时为因变量。研究假设情绪信息的转换任务反应时与中性信息的转换任务反应时存在显著差异，负性信息与正性信息的转换任务反应时差异显著。个体的两类不同效价情绪信息转换存在“非对称效应”。

本书的研究借鉴任务线索转换范式、计数任务转换范式，对注意分心转换范式进行改进。首先，正式实验中采用简短提示语为线索，在线索出现前，被试并不能预知接下来的试次，重复任务与转换任务都是通过不同 trial 的任务序列来表示，因此，重复任务和转换任务的工作记忆保持一致。其次，为避免任务难度影响研究结果，被试只进行单一性别任务判断，以情绪效价作为区分不同任务的线索。最后，为考察分心刺激对当前刺激可能产生的干扰效果，本书的研究范式继续保持注意分心转换范式中的分心刺激。该研究设计避免了不同任务特征（如任务强度、任务难度）和反应惯性（如注意分心任务范式中连续多个靶刺激对后续靶刺激造成的反应惯性）对情绪信息转换的干扰。实验范式见图 2－1。

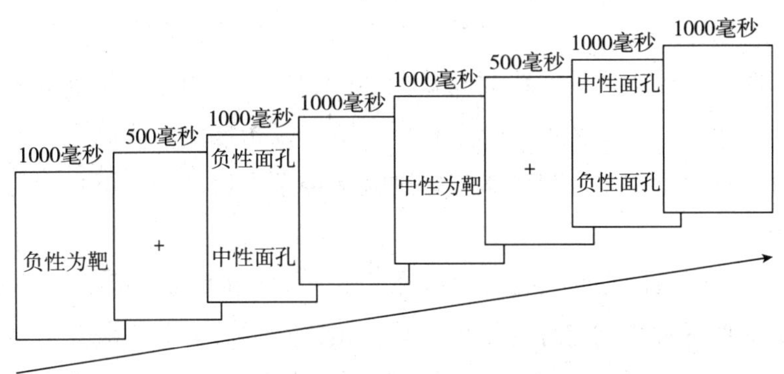

图 2－1　实验范式

使用 E－prime 程序（美国卡耐基—梅隆大学和匹兹堡大学联合开发）作为刺激的呈现、反应时和正确率的记录。在练习实验开始前，主试先向被试解释正性、负性和中性情绪效价的意义，待被试明白后，开始练习实验。练习实验呈现6000毫秒的指导语："请注意屏幕中的'十'字注视点，稍后将在'十'字注视点的位置出现面孔图片，认真观看并判断正（负和中性）情绪面孔的性别，男性请按'1'键，女性请按'2'键"。练习实验结束后，对被试解释正式实验的指导语："正性为靶"代表练习实验中的"判断稍后呈现的正性面孔的性别"，男性按"1"键，女性按"2"键；"负性为靶"代表练习实验中的"判断稍后呈现的负性面孔的性别"，男性按"1"键，女性按"2"键；"中性为靶"代表练习实验中的"判断稍后呈现的中性面孔的性别"，男性按"1"键，女性按"2"键。练习实验和正式实验指导语解释结束后，安排被试休息2分钟。

正式实验呈现1000毫秒的指导语："负性为靶"或"正性为靶"或"中性为靶"。指导语呈现之后，出现500毫秒"十"字注视点，然后呈现一张情绪图片1000毫秒，之后呈现1000毫秒的黑屏，要求被试在黑屏呈现时做出反应。为了消除反馈对被试的情绪状态的影响，对被试的判断不做任何反馈。

在每个trial中，出现两张情绪面孔，这两个张情绪面孔为正、中性（实验一），负性、中性（实验二），正性、负性（实验三），任何时候同时出现的情绪面孔效价不能相同。这两张情绪面孔同时在屏幕出现，一个在上，一个在下。事先以指导语形式确定接下来的哪一种效价刺激为靶刺激。靶刺激在屏幕上出现的上下位置是随机的。

由于既往研究的任务转换代价更多地体现在反应时间的差异上，故本书也只关注反应时的结果差异。正式数据分析时除去反应时少于200毫秒，多于2000毫秒、未作反应的trials。利用SPSS16.0分别对三个分实验的有效数据的平均反应时进行2（任务类型）×2（效价）两因素重复测量方差分析。

1. 实验一　正性信息与中性信息转换的反应时特点

统计分析发现任务类型、效价主效应不显著、任务类型与效价

[F（1，32）=8.03，p=0.08] 之间交互效应不显著。

2. 实验二　负性信息与中性信息转换的反应时特点

统计分析发现任务类型主效应差异不显著、效价主效应差异不显著、任务类型与效价之间交互效应不显著。

3. 实验三　正性信息与负性信息转换的反应时特点

统计分析发现任务类型主效应显著[F(1，32)=11.49，p<0.05]，转换任务的反应时明显长于重复任务。效价主效应显著[F(1，32)=5.00，p<0.05]，负性面孔的反应时明显长于正性面孔。任务类型与效价交互效应显著[F(1，32)=17.62，p<0.05]，简单效应分析发现效价在转换水平上有简单效应[F(1，32)=8.01，p<0.05]，由正性信息转向负性信息时的转换代价高于由负性信息转向正性信息的转换代价（见表2-1、图2-2）。

表2-1　　不同任务类型的反应时（$\bar{x}\pm SD$）

效价	任务类型	
	重复	转换
负性	508.81±127.43	580.87±142.77
正性	512.81±126.27	520.47±144.57

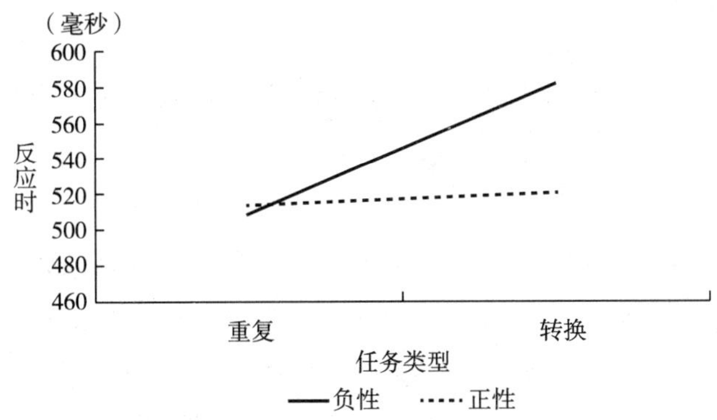

图2-2　效价与任务类型的交互效应

本书的主要目的在于探讨情绪信息的转换特点，研究结果发现只有正性情绪信息和负性情绪信息之间的转换存在“非对称效应”。

实验一和实验二的结果未发现个体在正性信息与中性信息、负性信息与中性信息的转换过程中转换任务的反应时与重复任务的反应时存在显著差异，这与以往研究结果存在差异（Paulitzki et al.，2008；Qu & Zelazo，2007）。Paulitzki 的研究采用年龄判断任务、性别判断任务和标准 DCCS 任务，比较正、负、中性面孔的转换代价与标准 DCCS 任务转换的差异，结果发现只有正性信息的转换代价小于标准 DCCS 的转换代价，但该研究未对两类不同效价的情绪信息进行转换时的特点进行研究，而是通过标准 DCCS 作为参照标准，间接对正、负和中性信息之间的转换代价进行比较，与本书的研究直接对正、负和中性信息的两两转换研究存在差别；并且该研究采用数字判断任务和威胁刺激判断任务之间的转换，数字与恐惧图片的知觉特征不同，加工过程本身也可能存在差异；效价作为另一因素分析负性和中性之间的转换差异，而物理认知研究发现任务强度是转换代价非对称效应产生的条件（Finkbeiner et al.，2006；Costa et al.，2004）。这种设计难以说明转换代价的差异是产生于数字判断任务和威胁刺激判断任务这两类任务的强度差异，还是负性、中性两类效价的差异。本书的研究设计排除了任务强度对转换可能产生的影响，未发现正常个体存的负性和中性刺激转换中存在重复任务和转换任务的差异，也不存在转换的“非对称效应”。

实验三的结果发现，正常个体在完成转换任务时的反应时间高于完成重复任务时的转换时间，表现出明显的转换代价。进一步分析发现被试在完成转换任务时，负性信息的反应时间明显高于正性信息，说明由正性信息转向负性信息的转换代价与从负性信息转向正性信息的转换代价存在显著差异，产生非对称效应。产生该效应的原因很多：首先，负性情绪减弱个体的行为控制能力，从而导致个体对反应冲突的觉察变慢及对优势反应的抑制过程更长。相反，正性情绪对行为控制过程可能具有促进作用（辛勇、李红、袁加锦，2010）。其次，负性效价的面部表情具有更大的加工优势。负性情绪对个体的安全具有更重要的价值，因而是更重要的情绪刺激，对负性情绪做出更快的反应，有助于个体的生存。就悲伤面孔刺激而言，它和个体的防御系统相关联，悲伤面孔较之于愉快面孔，具有更大的加工优先级，得到更多的注意资源分配。最后，面部表情的强度差异。ERP 的研究结果表明，悲伤面孔比愉快面孔引发更大的 LPC 波幅，主要归之于悲伤比愉快面孔刺激强度更高（王妍和罗跃嘉，2004）。

第三章

效价强度对情绪信息转换“非对称效应”的影响

情绪影响人类的认知和行为，促进人类的适应和发展。例如，当个体体验到危险时，会产生逃离行为，而当个体体验到好奇心时，会产生创造性（Gray，2004）。积极情绪（如开心、愉快、幸福等）对认知的影响较少体现在生理水平上，更多体现在认知水平和日常生活中（Fredrickson，1998，2001；Hirt et al.，2008；Fredrickson et al.，2003；Cohen et al.，2003；Danner et al.，2001）。消极情绪（如抑郁、焦虑、孤独等）对认知的影响体现在注意、记忆、思维、任务转换和生理水平（如前额叶、杏仁核、海马等）上（Williams et al.，1997；Beck，1967，1961；Channon，1996；Damasio & Anderson，2003；Siegle，Ingram & Matt，2002）。

第一节 情绪效价强度对信息转换的影响

人类对情绪信息的加工存在“易化”现象。即相较于中性信息，情绪信息能得到优先加工，在行为上表现在情绪评价任务、情绪注意任务、情绪记忆任务中，情绪信息优先得到评价、注意和记忆。情绪信息内部，相较于正性信息，负性信息能更快吸引个体的评价、注意和记忆，形成“负性加工偏向”。这种情绪“易化”现象和“负性加工偏向”现象表明情绪信息与中性信息、正性信息与负性信息之间的加工存在不一致性。

这种不一致性可能会影响情绪信息的转换，已有研究者发现，情绪信息和中性信息的任务转换可能存在转换的“非对称效应”。如 Paulitzki 等（2008）采用交替转换范式尝试对恐惧症个体在进行数字任务和情绪信息细节判断任务的转换特点研究发现，恐惧个体对威胁性任务加工较深入，很难从威胁性任务转向数字任务，这说明被试对一项任务的转换与干扰该任务加工的分心任务的卷入程度有关，当上一任务为数字任务时，个体转入威胁任务较为容易，反应时间较短；反之，当上一任务为威胁任务时，个体转入数字任务较难，反应时间较长。本书第二章也通过正性信息和中性信息的转换实验、负性信息和中性信息的转换实验、正性信息和负性信息的转换实验共三个分实验考查基于不同效价的情绪信息转换特点，结果发现只有正性信息和负性信息进行转换时存在“非对称效应”，正性信息和中性信息之间、负性信息和中性信息之间并不存在该效应。

人类的情绪活动不但有情绪极性（正性、中性和负性）之分，更有情绪强度的差异。也就是说，即便是同一情绪极性之中，个体对情绪的体验也有强弱之分。已有研究发现不同强度的情绪状态影响个体的认知能力。例如，高强度的负性情绪严重影响个体的决策能力、记忆能力（Huang & Luo，2004），持久的高强度的负性情绪状态会降低个体的主观幸福感以及心理健康水平，甚至导致情绪障碍，如创伤后应激障碍。俗话说的“乐极生悲”，亦说明过度的正性情绪状态也会影响个体的认知活动，降低活动的效率。

本书第二章虽已通过三个实验发现正性情绪和负性情绪刺激之间的转换存在“非对称效应”，但在实验过程中并未控制效价强度这一重要因素，而在情绪任务中，效价强度和效价一样，都会影响个体的认知能力。Sprengelmeyer 和 Jentzsch（2006）采用性别判断任务的研究表明人脑对强度不同的负性情绪信息的加工深度存在差异，强度较强的负性信息不仅在早期将得到更多的注意资源分配，随后在晚期也将得到更深的认知加工，获得更多的认知资源分配。适度的积极情绪状态能保持个体最佳的动机水平，是创造力发挥、产生创造性思想的前提。过高强度的积极情绪状态往往不利于诸多认知活动的有效进行，例如，“乐极生悲，得意忘形”，极端的正性情绪也会降低个体的行为控制水平。物理认知的研究发现，任务强度差异是产生物理认知任务转换的“非对称效应”的重要条件。情绪任务的研究亦发现，正负效价信息之间转换存在“非对称效应”，那么，一个问题由此产生，在情绪信息转换中，究竟是情绪效价导致情绪信息转换“非对称效应”呢？还是效价强度亦同样会影响该效应，并且是该效应产生的重要条件。

因此，本书第三章通过分别控制情绪效价和情绪效价强度两个因素，对这两者在情绪信息转换中的作用进行研究。通过三个分实验考察只存在效价强度差异，无效价差异的情况下是否也能产生情绪信息转换的“非对称效应”。通过两个分实验考察既存在效价差异，又存在效价强度的差异的情况下是否能产生情绪信息转换的“非对称效应”。

第二节　不同效价强度对相同效价的情绪信息转换的影响

采用贝克抑郁量表（BDI < 4）、抑郁自评问卷（SDS 标准分 < 53）和焦虑自评问卷（SAS < 50）以整群抽样的方法对某高校在校大学生进行筛选，从符合条件的大学生中任意挑选 49 名作为本实验的被试。实验一和实验二的被试符合以下条件：27 名在校大学生为被试，年龄范围在 18—27 岁，平均年龄约为 22.5 岁。实验三的被试符合以下条件：22 名在校大学生，15 名男性，7 名女性，年龄范

围在 18—26 岁，平均年龄约为 21 岁。所有被试智力正常，视力或矫正视力良好，没有先天性色觉障碍，均为右利手，排除精神疾病和精神疾病家族史。

实验一和实验二的刺激材料如下：从中国情绪面孔图片库选取 140 张情绪面孔，高低正性面孔各 35 张，高低负性面孔各 35 张。其中，高低正、负性共 120 张用于正式实验，高低正、负性共 20 张用于练习实验。整个实验分为两个分实验，实验一为高低负性信息之间的转换，实验二为高低正性信息之间的转换。在实验一中，两个条件的刺激图片在唤醒度上一致［平均值：高负性 =5.37，低负性 =5.31，T(58) =0.26，p =0.80］，但在效价强度上有显著的差异［平均值：高负性 =2.64，低负性 =3.85，T(58) =11.86，p =0.000］。在实验二中，高、低正性条件唤醒度保持一致［平均值：高正性 =5.40，低正性 =5.00，T(58) =1.92，p =0.059］，而效价强度差异显著［平均值：高正性 =6.81，低正性 =4.71，T(58) =20.69，p =0.000］。两个分实验的正式实验各包含 2 个 block。为防止顺序效应，1 个 block 的任务序列为 A*AA*B*B*AB*B*A*A*BA*A*B*B*A*A*BA*A*B，另外 1 个 block 的任务序列为 B*BB*A*A*BA*A*B*B*AB*B*A*A*B*B*AB*B*A，其中斜体加下画线字母为重复任务，其余为转换任务，每个系列的第一个字母代表的部分不纳入分析。

实验三的刺激材料如下：从中国情绪面孔图片库选取 46 张中性面孔。实验包含 2 个 block。为防止顺序效应，1 个 block 的任务序列为 B*BB*A*A*BA*A*B*B*AB*B*A*A*，1 个 block 的任务序列为 A*AA*BBAB*B*A*A*BA*A*B*B*（斜体加下画线的字母为重复任务，其余为转换任务，每个系列的第一个字母代表的部分不纳入分析）。

为揭示同一效价内部信息转换是否存在“非对称效应”，实验一和实验二均采用 2（任务类型：重复任务和转换任务）×2（效价强度：高强度和低强度）两因素被试内实验设计。其中，任务类型包含重复任务和转换任务两个水平，效价包含高负性和低负性（实验一）、高正性和低正性（实验二）两个水平。任务类型和效价强度是自变量，平均反应时为因变量。实验三采用 2（任务类型：重复任务和转换任务）×2（方框颜色：红色和绿色）两因素被试内实验设计。任务类型有重复任务和转换任务两个水平，方框颜色包含红色和绿色两个水平。任务类型和方框颜色是自变量，平均反应时为因变量。研究假设转换任务的平均反应时长于重复任务的平均反应时。转向高正性与转向低正性信息的平均反应时存在差异，转向高负性与转向低负性信息的平均反应时存在差异。

采用 E－prime 程序呈现刺激和记录被试的反应时。屏幕为黑底白字，面孔大小为 7.4 厘米 ×8.4 厘米。被试进入实验室后，先阅读指导语完成练习实验，休息 2 分钟后再开始正式实验。

实验一和实验二的实验流程如下：练习阶段，呈现 6000 毫秒的指导语，指导语如下“请注意屏幕中的情绪面孔图片，并判断红（绿）色方框内面孔的性别，男性请按 1 键，女性请按 2 键。”正式实验的指导语呈现时间 1000 毫秒，之后呈现 1000 毫秒的线索提示词“红色为靶”或“绿色为靶”（红色为靶的意思是要求被试判断红色方框内面孔的性别；绿色为靶的意思是要求被试判断绿色方框内面孔的性别）。随后出现 500 毫秒“十”字注视点，然后出现一张呈现时间为 1000 毫秒的情绪图片。情绪图片呈现之后，跟随 1000 毫秒的黑屏。要求被试在黑屏呈现时做出反应（见图 3－1）。

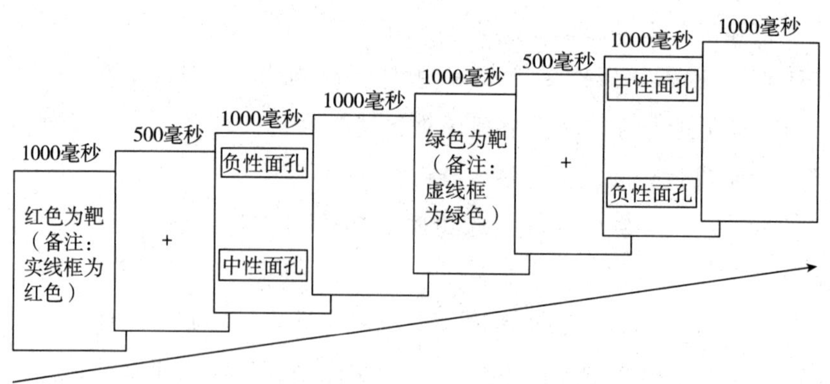

图 3－1　实验流程

为了消除反馈对被试的情绪状态的影响，本实验对被试的判断不做任何反馈。在该实验设计中，红色方框内的面孔刺激固定为高正（负）性面孔，绿色方框内的面孔刺激固定为低正（负）性面孔，因此，红色方框任务判断和绿色方框任务判断实际为高低正（负）性刺激之间的重复和转换。

实验三的实验流程如下：练习阶段，呈现6000毫秒的指导语：“请认真观看屏幕中的情绪面孔图片，并判断上部（下部）情绪面孔的方框颜色，红色请按1键，绿色请按2键”。为避免过多文字干扰，在被试完成练习任务后，正式实验的指导语为：“上部为靶”代表要求被试判断屏幕上方的情绪面孔的方框颜色；“下部为靶”代表要求被试判断屏幕下方的情绪面孔的方框颜色。正式实验的指导语呈现时间为1000毫秒。指导语呈现之后，屏幕正中出现500毫秒的“十”字注视点，注视点呈现完毕后。在屏幕的上部和下部各呈现一张不同方框颜色的中性情绪图片，呈现时间为1000毫秒。情绪面孔呈现之后，出现1000毫秒的黑屏。要求被试在情绪图片呈现时或黑屏呈现时对中性面孔的方框颜色进行判断，并且被试在完成任务之后，也不会对其判断是否正确进行任何反馈。在该实验设计中，为保证与实验一和实验二的刺激特征保持一致性，同时刺激特征又不会干扰红绿颜色判断的结果，本书中红色方框和绿色方框内的面孔信息固定为中性面孔，因此，本书中被试的反应是在与实验一和实验二基本条件一致的前提下，被试排除了情绪效价对反应的干扰，单纯对红绿颜色判断的转换特点研究，故可以对红绿颜色这一目标刺激的额外特征是否会干扰相同效价强度的情绪信息转换这一可能性问题进行研究。

实验一和实验二的数据分析前要排除未作反应的试次、反应时过长或过短的数据，只保留200—2000毫秒的反应时数据。利用SPSS16.0分别对两个分实验的有效数据的平均反应时进行2（任务类型）×2（效价强度）两因素重复测量方差分析。实验三的数据分析前也要除去反应时少于200毫秒、多于2000毫秒、未作反应的试次。利用 SPSS16.0 分别对有效数据的平均反应时进行 2（任务类型）×2（方框颜色：红色和绿色）两因素重复测量方差分析。

1. 实验一的反应时结果

统计分析发现，任务类型主效应显著，转换任务的平均反应时显著长于重复任务的平均反应时[$F(1, 26)=7.04$，$p=0.013$]。高负性和低负性的平均反应时差异不显著[$F(1, 26)=0.00$，$p=0.985$]。任务类型与效价交互效应差异不显著[$F(1, 26)=0.04$，$p=0.835$]。

2. 实验二的反应时结果

统计分析发现，任务类型主效应不显著[$F(1, 26)=0.46$，$p=0.506$]。高正性和低正性的平均反应时差异不显著[$F(1, 26)=0.79$，$p=0.383$]。任务类型与效价交互效应无显著性差异[$F(1, 26)=3.19$，$p=0.086$]。

3. 实验三的反应时结果

统计分析发现，任务类型主效应不显著[$F(1, 21)=0.09$，$p=0.762$]。红色任务判断和绿色任务判断的平均反应时差异不显著[$F(1, 21)=2.10$，$p=0.162$]。任务类型与方框颜色的交互效应差异不显著[$F(1, 21)=3.08$，$p=0.094$]。

本书通过实验一和实验二考察同一效价内部不同效价强度的信息转换是否存在"非对称效应"，实验三对可能干扰实验一和实验二研究结果的情绪信息的额外特征进行研究。结果发现，高低负性之间的转换表现为转换任务平均反应时高于重复任务的平均反应时，高低正性之间的转换任务反应时与重复任务反应时无显著性差异，且无论是高低负性信息还是高低正性信息的转换研究均未发现转换过程中存在"非对称效应"。实验三的结果表明"颜色判断"任务并未影响实验一和实验二的研究结果。

实验一中高低负性信息之间进行转换时，个体可以敏感感知到负性信息的强度差异（Yuan et al.，2007），当低强度转向高强度或者由高强度转向低强度时产生的反应时将显著长于个体单独完成高强度或低强度的重复任务产生的反应时，但低强度转向高强度或高强度转向低强度之间并无显著性差异。这说明强度不同的负性信息进行转换时，将产生转换代价，但在转换上并不存在“非对称效应”。这可能是因为个体对负性信息的强度变化敏感，人脑能觉察到高强度、低强度负性信息之间效价强度的差异，在注意的分配上已开始对它们有了区分，即分配给低负性信息的注意相对于高负性信息要少，由此产生对不同强度的负性情绪信息的加工深度不同。因此，个体在完成重复任务时，前一任务对后一任务产生正启动效应，导致重复任务的反应时较低，但个体在高低不同的负性信息的转换任务时，高强度负性信息与低强度负性信息得到的早期注意分配存在差异（Sprengelmeyer & Jentzsch，2006），故个体在不同强度的负性信息之间进行转换将需要更多的反应时间，由此导致个体的重复任务的反应时明显低于转换任务的反应时，产生转换代价。但是，研究结果同时发现高强度负性信息转低强度负性信息与低强度负性信息转向高强度负性信息之间无显著性差异，效价强度与任务类型的交互效应不显著，这可能是因为同一效价的信息虽然由于强度差异产生了转换代价，但是这种强度差异对当前任务并未产生不同的干扰效应或者干扰效应很小，故不能影响转换任务的转换代价的大小。

实验二中高低正性信息进行转换时，重复任务的反应时与转换任务的反应时没有明显差异，未产生转换代价，高正性信息转向低正性信息的转换与由高正性信息转向低正性信息的转换相比，两者并无显著性差异，这说明强度不同的正性信息进行转换时，不存在转换代价，在转换上也不存在“非对称效应”。这可能是个体对正性信息的强度变换不敏感，导致个体对高低正性信息的重复任务进行反应时，上一任务对下一任务产生正启动效应，高低正性信息的转换任务进行反应时，个体对前一任务的感知与当前任务并无不同，也产生与重复任务类似的正启动效应，最终重复任务和转换任务的反应时并无差异，整个实验未发现转换代价。从进化心理学的角度来讲，为了能够更快地规避负性信息，保全自身，长期进化过程中，个体对负性信息的效价强度变化越来越敏感，而正性信息对个体的危害较小，因此，即使正性信息的强度有较大改变，个体依然对正性信息的强度变化的感知、反应不敏感。有研究者采用情绪面孔和情绪评价任务对不同强度的厌恶表情诱发的 ERP 波幅进行研究，发现在早期的结构性编码阶段（刺激后 190—290 毫秒）正性刺激的效价强度效应却并未出现（Leppänen et al.，2007），这说明个体对正性信息的强度变换不敏感。袁加锦（2007）采用改进的 Oddball 分类实验对效价强度变换的神经基础进行研究，结果也发现个体对正性刺激的效价强度变换不敏感。

在实验一和实验二的设计中，红色方框内的面孔刺激固定为高正性面孔或高负性面孔，绿色方框内的面孔刺激固定为低正性面孔或低负性面孔，因此，红色方框任务判断和绿色方框任务判断实际为高低负性信息（实验一）或高低正性信息转换研究。但红绿方框颜色判断作为外显的特定任务特征，这一附加在情绪信息上的额外特征是否会影响实验目的，致使实验结果显示的高低负性信息转换、高低正性信息转换实际反应的却是红绿方框转换特点？为排除这一额外特征的干扰影响，本书的研究添加了实验三。为保证刺激特征尽量与正负性情绪面孔一致，同时又能检测红绿方框颜色判断，在实验三中将方框中的正负情绪面孔换为中性情绪面孔，要求被试对屏幕上方或下方的方框颜色进行判断。研究结果发现，重复任务和转换任务之间无显著性差异，这说明实验一中的任务类型的主效应与“方框颜色判断”任务这一特征无关，即方框任务判断不会对情绪信息转换产生额外干扰，个体对高低负性信息的转换代价的产生是基于高低效价强度的差异产生的。这与以往研究发现的“情绪冲突任务中物理刺激对情绪信息的加工无法产生干扰”一致（刘亚、王振宏，2011）。

总之，以上三个实验结果发现相同效价的情绪信息转换不存在“非对称效应”。情绪效价一致的前提下，高低负性信息的情绪信息转换的重复任务反应时显著低于转换任务的反应时，存在转换现象；高低正性信息的情绪相关任务转换的重复任务反应时与转换任务反应时之间没有显著性差异，不存在转换代价；“方框颜色判断”这一额外特征不会干扰实验结果。

第三节　相同效价强度对不同效价的情绪信息转换“非对称效应”的影响

采用贝克抑郁量表、抑郁自评问卷和焦虑自评问卷以整群抽样的方法对某高校在校大学生进行筛选，从符合条件的大学生中任意挑选 21 名作为本实验的被试。年龄范围在 18—26 岁，平均年龄约为 22 岁。所有被试符合以下条件：焦虑自评问卷（SAS）<50、抑郁自评问卷（SDS）的标准分<53、贝克抑郁量表（BDI）<4。男女比例为 15∶7，年龄范围在 18—26 岁，平均年龄约为 22 岁。所有被试智力正常，视力或矫正视力良好，没有先天性色觉障碍，均为右利手，排除精神疾病和精神疾病家族史。

实验材料使用中国科学院心理研究所制作的情绪面孔。高正性面孔 35 张，低正性面孔 35 张，高负性面孔 35 张，低负性面孔 35 张。其中，高低正、负性各 5 张用于练习实验，剩余四类情绪图片共 120 张用于正式实验。每个实验的正式实验均包含 2 个 block，共 60 个 trial。每个实验的不同效价信息的唤醒度保持一致［实验一的刺激材料的平均数：高正性信息 = 5.40，高负性信息 = 5.37，T (58) =0.16，p =0.87；实验二的刺激材料的平均数：低正性信息 = 4.71，低负性信息 =3.85，T（58） =7.16，p =0.000］。为防止顺序效应，两个 block 的任务序列保持不同，其中，1 个 block 的序列为 A*AA*B*B*AB*B*A*A*BA*A*B*B*AB*B*AB *B*A*A*B A*A*B*B*AB，另外 1 个 block 的序列为 B*BB*A*A*BA*A*B*B*AB*B*A*A*BA*A*BA*A*B*B*AB*B*A*A*BA（斜体且有下画线的字母为重复任务，其余为转换任务，每个系列的第一个字母代表的部分不纳入分析）。

实验程序中的刺激呈现和反应时的记录均使用 E – prime 程序编写。在练习实验即将开始之前，先向被试解释正、负性情绪效价的意义。当被试理解之后，开始练习实验。练习阶段的指导语如下："请你集中注意力于屏幕中间的'十'，稍后将在'十'字的上面或下面呈现正性（负性）面孔，请在面孔呈现完毕后的黑屏时对正性（负性）面孔的性别进行判断，男性请按'1'键，女性请按'2'键"。指导语的呈现时间为 6000 毫秒。练习阶段完成后，主试告知被试在正式实验中如果出现"正性为靶"，即表示要求被试判断接下来的正性面孔的性别；反之，如果呈现"负性为靶"的指导语，即要求被试判断接下来的负性面孔的性别。正式实验指导语呈现 1000 毫秒之后，出现 500 毫秒的"十"字注视点，然后呈现一张 1000 毫秒的情绪图片，随后呈现 1000 毫秒的黑屏。被试在黑屏呈现时需判断之前呈现的面孔的性别。实验一为高正性刺激与高负性刺激之间的转换。实验二为低负性与低正性之间的转换。为了消除反馈对被试的情绪信息转换的影响，实验中不会呈现被试的反应结果的准确性反馈。

实验一和实验二均采用 2（任务类型）×2（效价）的两因素被试内实验设计。其中，任务类型包含重复任务和转换任务两个水平，实验一中的效价包含高正性和高负性、实验二中的效价有低正性和低负性两个水平。任务类型和效价是自变量，反应时为因变量。为揭示相同效价强度对正负情绪信息转换"非对称效应"的影响，研究假设高负性信息转向高正性信息时的反应时低于高正性信息转向高负性信息时的反应时；低负性信息转向低正性信息时的反应时低于低正性信息转向低负性信息时的反应时。即使效价强度相同，不同效价间依然存在情绪信息转换的"非对称效应"。

实验一和实验二的数据分析之前先剔除反应时低于 200 毫秒、多于 2000 毫秒，未作反应的试次。利用 SPSS16.0 分别对两个分实验的有效数据的平均反应时进行两因素重复测量方差分析。

1. 实验一 高负性与高正性信息转换的反应时结果

统计分析发现，效价主效应差异不显著[F(1，20)=1.66，p=0.21]，负性面孔的反应时与正性面孔的反应时差异不显著。任务类型主效应差异不显著[F(1，20)=2.78，p=0.11]。任务类型与效价交互效应差异显著[F(1，20)=4.78，p=0.041]。进一步简单效应分析发现，效价在转换任务水平上差异显著[F(1，20)=6.81，p=0.017]，表现为负性信息的反应时明显高于正性信息的反应时，任务类型在负性信息水平上差异显著[F(1，20)=10.62，p=0.004](见表3-1、图3-2)。

表3-1　　不同任务类型的反应时（$\bar{x}\pm SD$）

效价	任务类型	
	重复	转换
高负性	818.91±121.42	863.30±134.86
高正性	827.32±130.28	817.67±143.34

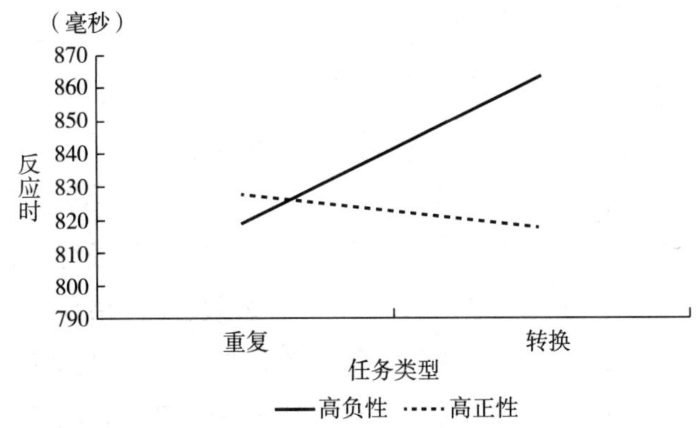

图3-2　任务类型与效价的交互效应

2. 实验二 低负性与低正性信息转换的反应时结果

统计分析发现，任务类型有显著主效应[F(1，20)=6.08，p=0.023]，表现为转换任务的反应时明显长于重复任务的反应时。效价主效应差异不显著，表现为低负性与低正性之间的反应时差异不显著[F(1, 20) =0.98, p =0.334]。任务类型与效价交互效应不显著[F(1, 20) =0, 06, p =0.816](见表3-2和图3-3)。

表3-2　　不同任务类型的反应时（$\bar{x} \pm SD$）

效价	任务类型	
	重复	转换
低负性	923.59 ±205.33	974.29 ±215.94
低正性	906.21 ±167.12	948.00 ±234.91

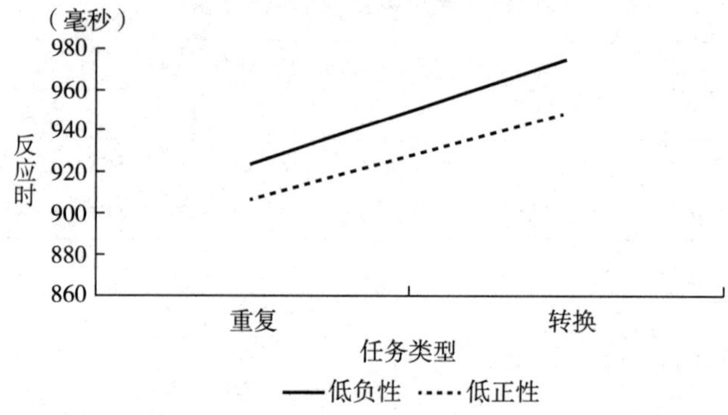

图3-3　任务类型与效价的交互效应

本书的研究通过实验一和实验二考察相同效价强度下，不同效价信息的情绪信息转换是否存在“非对称效应”。结果发现：高负性信息的转换任务反应时高于重复任务，高正性信息的转换任务反应时与重复任务反应时无显著差异，高负性信息的转换任务的反应时高于高正性信息转换任务的反应时，存在“非对称效应”，低正性信息与低负性信息相关的转换中转换任务的反应时高于重复任务，但效价主效应不显著，未产生“非对称效应”。

实验一的研究发现，高正性信息与高负性信息进行转换时，产生了“非对称效应”。这可能与以下两个方面有关：一是基于个体对负性信息的加工偏向，负性信息较正性信息吸引更多的认知资源，从而干扰了执行控制（转换）的加工过程（Yuan et al.，2007）。二是高效价强度又增加了这种负性偏向产生的程度。以往研究采用注意转换范式对情绪刺激的转换研究也发现个体对情绪刺激的转换代价较中性刺激大、负性刺激的注意转换代价较正性刺激大（石慧等，2005）。从进化心理的角度讲，高负性刺激代表了对个体生存威胁较大的内容，有重要的生存适应性价值，大脑会对它分配更多的注意资源，但是正性刺激代表了感受舒适的内容，即使效价强度更高，由于个体不认为它会对生活产生威胁性，引起个体注意的可能性也较小，大脑不会对它分配更多的注意资源。很多研究也发现个体对负性信息的效价强度变化更敏感，但对正性信息的效价强度变化不敏感（Li & Luo，2005；Campanella et al.，2002）。因此，在高效价强度下，高负性信息所占的注意资源明显较正性信息多，个体在转向负性信息后，很难从负性信息中移除，从而导致转换代价明显增大，而个体转向正性信息时，正性信息所占的注意资源少，加之高负性信息更易吸引个体的注意，导致正性重复任务与正性转换任务的反应时之间差异不大，产生“非对称效应”。研究二的结果发现，低正性信息与低负性信息转换中，虽然存在转换任务的反应时高于重复任务的现象，但效价主效应不显著，未产生“非对称效应”。这可能是由于在低效价强度下，负性信息与正性信息的注意资源差别不大，负性偏向很小，低负性和低正性信息的加工差别不明显，导致个体在低正性与低负性信息转换中未产生“非对称效应”。

总之，实验一和实验二的结果说明，当个体在完成高效价强度的正性信息和负性信息的转换时，表现出“非对称效应”现象；但当个体在低强度的负性刺激和正性刺激之间进行转换时，未表现出该效应。

第四节　不同效价强度对不同效价情绪信息转换“非对称效应”的影响

采用贝克抑郁量表、抑郁自评问卷和焦虑自评问卷以整群抽样的方法对某高校在校大学生进行筛选，从符合条件的大学生中任意挑选 23 名作为本实验的被试。年龄范围在 18—26 岁，平均年龄约为 22 岁。所有被试符合以下条件：焦虑自评问卷（SAS）<50、抑郁自评问卷（SDS）的标准分<53、贝克抑郁量表（BDI）<4。男女比例为 15∶7，年龄范围在 18—26 岁，平均年龄约为 22 岁。所有被试智力正常，视力或矫正视力良好，没有先天性色觉障碍，均为右利手，排除精神疾病和精神疾病家族史。

所有被试均完成两个分实验，实验与实验之间间隔 10 分钟。

刺激材料选自中国科学院心理研究所制作的情绪面孔图片。实验一为高正性刺激与低负性刺激之间的转换。实验二为高负性与低正性之间的转换。每个实验的正式实验均包含 2 个 block，60 个试次。每个实验的不同效价刺激的唤醒度保持一致［实验一的平均数：高正性刺激 = 5.40，低负性刺激 = 5.31，T(58) = 0.39，p = 0.70；实验二的刺激材料的平均数：低正性刺激 = 5.00，高负性刺激 = 5.37，T(58) = 1.87，p = 0.066］，而效价两两差异显著［实验一的刺激材料的平均数：高正性刺激 = 6.81，低负性刺激 = 3.85，T(58) = 25.63，p = 0.000；实验二的刺激材料的平均数：低正性刺激 = 4.71，高负性刺激 = 2.64，T(58) = 24.07，p = 0.000］。为防止顺序效应，两个 block 的任务序列与前面实验二的 2 个 block 的任务序列相同。重复任务和转换任务之间的反应时差异为转换代价。图片分辨率均为 72 像素/英寸，大小统一为 9.17 厘米 ×10.58 厘米。

两个实验均采用 2（高正性和低负性/高负性和低正性）×2（任务类型：重复任务和转换任务）两因素被试内实验设计。其中实验一的效价包含高正性和低负性，实验二的效价包含低正性和高负性。为揭示在不同效价强度下，个体在正负情绪信息转换中是否存在“非对称效应”现象，研究假设转换任务的平均反应时高于重复任务的平均反应时，高负性的平均反应时高于低正性的平均反应时，高正性的平均反应时高于低负性的平均反应时。效价强度不同，正负情绪信息转换存在“非对称效应”。

刺激的呈现和反应时的记录均采用 E - prime 程序完成。被试进入安静的实验室，在电脑前坐好后，先进行练习实验，后进行正式实验。练习阶段，6000 毫秒的指导语如下：屏幕中央呈现将出现“十”字注视点，“十”字注视点消失后，将在其上部和下部各呈现一张情绪面孔。面孔呈现完毕后，将呈现一段时间的黑屏，此时判断正（负）性面孔的性别，男性按“1”键，女性请按“2”键。被试进行充分的练习实验，熟悉了 A 任务（判断正性面孔的性别）和 B 任务（判断负性面孔的性别）后，进入正式实验。正式实验的指导语呈现时间为 1000 毫秒，指导语简化为“正性为靶”（A 任务）或“负性为靶”（B 任务）。指导语呈现完毕后，出现 500 毫秒的“十”字注视点。然后在注视点的上下方呈现不同效价的情绪面孔图片。图片呈现完毕后，出现 1000 毫秒的黑屏。要求被试在黑屏时对靶面孔的性别进行判断。被试完成判断之后，不进行任何反馈，直接进入下一试次。实验一为高正性信息与低负性信息性别判断之间的转换。实验二为高负性与低正性信息性别判断之间的转换。

实验一和实验二的数据分析时都只保留 200 毫秒 < 反应时 < 2000 毫秒的 trials。实验一剩余 22 名被试的数据，实验二剩余 23 名被试的数据。利用 SPSS16. 0 分别对两个实验的平均反应时进行任务类型 × 效价的两因素重复测量方差分析。

1. 高正性与低负性信息转换的反应时结果

统计分析发现，任务类型主效应显著[$F(1, 21) = 5.22$, $p = 0.033$]。效价主效应显著[$F(1, 21) = 4.85$, $p = 0.039$]，低负性面孔的反应时明显高于高正性面孔。任务类型 × 效价交互效应[F

(1, 21) =4.91, p=0.038]有显著性差异，任务类型在负性面孔信息上简单效应显著，负性面孔的转换任务的平均反应时明显高于重复任务[F(1, 21) =22.37, p=0.000]。效价在转换任务水平上简单效应显著，负性面孔的转换任务的平均反应时明显高于正性面孔的转换任务的平均反应时[F(1, 21) =18.25, p=0.000]（见表3-3、图3-4）。

表3-3　　不同任务类型的反应时（$\bar{x} \pm SD$）

效价	任务类型	
	重复	转换
低负性	872.07 ±168.14	936.46 ±166.03
高正性	868.40 ±173.92	857.94 ±153.31

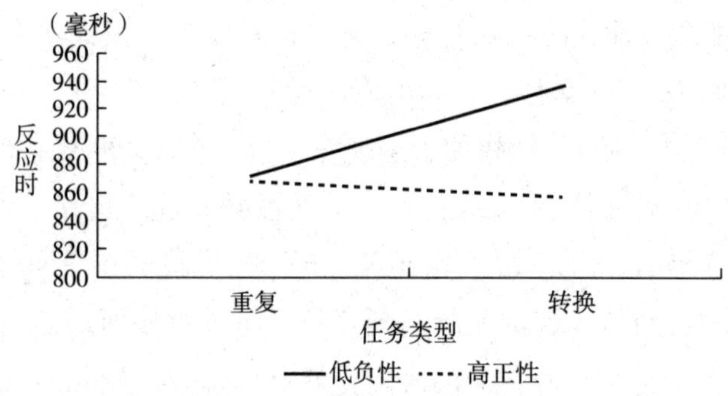

图3-4　任务类型与效价的交互效应

2. 高负性与低正性信息转换的反应时结果

实验二的反应时结果如下(见表3-4)：统计分析发现，任务类型主效应[F(1, 22) =5.98, p=0.023]差异显著。效价主效应显著[F(1, 22) =6.83, p=0.016]，高负性面孔的反应时明显高于低正性面孔的反应时。任务类型与效价交互效应显著[F(1, 22) = 8.05, p=0.010](见表3-4)，进一步分析发现，任务类型在高负性信息上[F(1, 22) =21.34, p=0.000]简单效应显著，表现为高负性信息的转换任务的反应时明显高于重复任务的反应时，效价在重复任务水平上[F(1, 22) =11.80, p=0.000]简单效应显著(见图3-5)，表现为低正性信息的重复任务的反应时明显高于高负性信息的重复任务的反应时。

表3-4　　不同任务类型的反应时($\bar{x}\pm SD$)

效价	任务类型	
	重复	转换
高负性	877.01 ±194.18	964.87 ±183.57
低正性	957.78 ±217.74	957.18 ±195.88

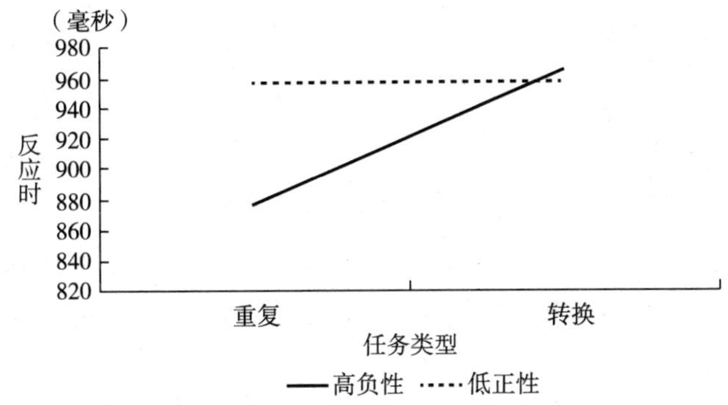

图3-5　任务类型与效价的交互效应

本书的研究通过两个实验考察不同效价强度下，情绪信息转换中是否存在“非对称效应”。结果发现，不同效价强度的正性信息与负性信息之间的转换存在“非对称效应”。

实验二的研究发现在效价强度不一致的情况下，无论是高负性信息和低正性信息的转换还是高正性信息和低负性信息的转换均表现出负性信息的重复任务的反应时明显低于转换任务，正性刺激的重复任务的反应时与转换任务的反应时无显著差异，转向负性刺激的反应时明显高于转向正性刺激的反应时，这说明不同效价强度的正负信息的转换中存在“非对称效应”。这种效应与以下三个方面有关：首先，相较于正性信息，个体对负性信息存在注意资源分配偏向，负性信息所占的注意资源多，个体更难以转换到新信息，这与以往研究发现的有关负性信息相较于正性信息的转换代价更大的研究结果类似（Qu & Zelazo，2007；Paulitzki et al. ，2008）。其次，一方面高负性效价强度和低正效价强度的差异也会进一步加剧这种负性加工偏向，另一方面由于个体对正性信息的效价强度变换并不敏感（Yuan et al. ，2007），故高正性效价强度并不能改变低负性效价强度信息会产生的负性加工偏向。最后，靶刺激的呈现时间可能影响个体对正性信息的加工，在实验设计中靶刺激图片为固定 1000 毫秒时间呈现，而很多被试在完成实验后表示刺激呈现时间太久，加之以往研究已经发现个体对正性信息的强度变化并不敏感（Yuan et al. ，2007），导致实验中过长的靶刺激呈现时间会导致个体产生对正性信息的过度加工。

总之，通过以上实验发现，效价强度不同时，负性信息的重复任务反应时明显低于转换任务，正性信息相关的任务不存在转换代价。负性信息的转换代价明显高于正性信息的转换代价，表现出情绪信息转换的“非对称效应”。

第四章

情绪信息转换“非对称效应”产生的ERP研究

个体对情绪信息的加工存在广泛的负性加工偏向：相较于正性信息，人类对负性信息的感知、注意、反应更敏感。该加工偏向与负性信息的效价强度密切相关，具体表现为个体对高效价强度的负性信息反应更快，脑区激活更明显（Yuan，2009）。但人类对正性信息的强度变化并不敏感，纵使面对高强度的正性信息，个体也不会对正性信息优先感知、注意和反应。采用 Oddball 分类实验模式的研究表明，在内隐情绪任务中，被试的 ERP 波幅在高正性、中等正性、中性图片刺激的条件下无显著差异（Yuan et al.，2007）。Carreti的研究也发现，与正性信息条件相比，负性信息引起的注意相关 P2 成分的波幅更高，潜伏期更短（Carreti et al.，2001）。

这种负性加工偏向和效价强度效应导致个体对负性信息和正性信息的加工差异，而加工差异会影响个体的信息转换。基于以上考虑，本书的研究通过第二章和第三章对情绪信息转换进行研究，结果发现由正性刺激转向负性刺激的转换任务反应时显著高于重复任务反应时，而由负性刺激转向正性刺激的转换任务反应时与重复任务反应时无显著差异，产生“非对称效应”。该效应只存在不同效价之间的转换中，同时受到效价强度的影响。

但是，以上研究只从行为学角度进行探讨，指标单一，不能提供更深层次的大脑活动方面的指标。事件相关电位技术（ERP）能从信息加工的时间先后次序的角度，动态而直接地反映认知加工的神经基础。任务转换相关的ERP研究发现，靶刺激呈现后150—200毫秒将在顶区出现一个与转换相关的加工负波N170，与重复任务相比，转换任务所引起的N170波幅更强（Karayanidis et al.，2003），这可能是由于N170反映了个体对靶刺激的识别过程，转换任务中，当前靶刺激与前一任务刺激不匹配所致。除了N170成分，个体在完成转换任务时还会引发400—500毫秒的正波，顶区达到最大峰值（Kieffaber & Hetrick.，2005；Nicholson et al.，2006；Nicholson et al.，2005），Barcelo认为，这种转换相关的正波可能是P3（Barcelo et al.，2006）。情绪反转加工方面的研究也发现了与之相关的P3成分，Will等（2010）用行为学和ERP技术利用“反转学习范式”对涉及面部表情一致性和情绪表达之间的转换任务进行研究，结果发现高兴面孔相连的反转过程与愤怒面孔相连的反转过程之间存在差异，大约在情绪面孔呈现375毫秒开始分离，当个体转向愤怒面孔相连的刺激与转向高兴面孔相连的刺激相比，P3a的波幅降低，P3b的潜伏期延迟，这可能是因为P3成分可能代表行为抑制控制加工水平，个体在进行转换时，负性条件造成的干扰大于中性条件，这与个体在负性条件下需要更长时间完成行为抑制控制过程是一致的。研究者认为，中央顶区P3成分的出现可能是抑制控制加工的直接指标之一（Donkers & Van Boxtel，2002）。

因此，本书的研究拟采用事件相关电位技术对情绪刺激转换非对称效应产生的神经基础进行研究，揭示其“非对称效应”的N170、P3成分特点。

第一节　相同效价强度的情绪信息转换“非对称效应”产生的神经基础研究

采用贝克抑郁量表、抑郁自评问卷和焦虑自评问卷以整群抽样的方法对某高校在校大学生进行筛选，从符合条件的大学生中任意挑选 15 名作为本实验的被试。年龄范围在 18—26 岁，平均年龄约为 22 岁，男女比例 7∶8。所有被试符合以下条件：焦虑自评问卷（SAS）<50、抑郁自评问卷（SDS）的标准分 <53、贝克抑郁量表（BDI）<4。所有被试智力正常，视力或矫正视力良好，没有先天性色觉障碍，均为右利手，排除精神疾病和精神疾病家族史。

实验材料使用中国科学院心理研究所制作的情绪面孔。对中科院情绪面孔图片库的情绪面孔进行面孔类别和愉悦度、优势度和唤醒度的评价，从中选取 55 张高正性面孔（5 张用于练习实验），55 张高负性面孔（5 张用于练习实验）。所有图片要符合效价差异显著，唤醒度保持一致：所有图片符合以下条件：效价差异显著（高正性 = 6.62，高负性 = 2.58，T = 62.26，p = 0.000）；唤醒度差异不显著（高正性 = 5.34，高负性 = 5.24，T = 0.75，p = 0.45）。正式实验包含 4 个 block，前一个 block 中的目标刺激在后一个 Block 中成为分心刺激，而之前的分心刺激则变为目标刺激。每个 block 包含 50 个 trial，前两个 trial 为无效 trial，不纳入结果分析。为防止顺序效应，2 个 block 的任务序列为 B*BB*AB*B*A*A*B*B*AB*B*AB*B*ABAB*B*AB*B*AB*B*AB*B*AB*B*AB*B*ABAB*B*AB*B*AB*B*A，另外 2 个 block 的任务序列 A*AA*BA*A*B*B*A*A*BA*A*BA*A*BABA*A*BA*A*BA*A*BA*A*BA*A*BA*A*BABA*A*BA*A*BA*A*B（斜体加下画线为重复任务，其余为转换任务，且序列的第一个字母代表的刺激不纳入数据分析）。

本实验的实验仪器采用 BrainAMP Mr 型脑电记录系统，采用 32 导电极帽记录脑电，参考为双侧乳突，记录垂直眼电和水平眼电，采样频率为 500 赫兹，头皮与电极之间的阻抗小于 5000 欧。实验过程中要求被试尽量保持不动，且不要有剧烈的表情变化，如咧嘴、大笑、频繁眨眼、咳嗽等。离线分析时程为 700 毫秒包含基线 100 毫秒，保留 0.01—30 赫兹，参考为左右乳突的平均值。

为揭示不同效价、相同强度的情绪信息转换“非对称效应”产生的神经基础，本书采用 2（任务类型）×2（效价）两因素被试内实验设计。任务类型和效价是自变量，行为数据分析中反应时为因变量，脑电数据分析中 N170、P3 的平均波幅为因变量。研究假设转换任务的 N170、P3 波幅显著大于重复任务；高负性信息的 N170、P3 波幅与高正性信息的 N170、P3 波幅存在显著差异。高正性与高负性信息转换中存在“非对称效应”。

E－prime 程序被应用于刺激的呈现和反应时的记录。实验分为练习任务和正式任务。练习任务时，电脑屏幕中呈现6000 毫秒的实验指导语：屏幕中间呈现“十”注视点，稍后将在“十”字呈现的位置出现面孔图片，请仔细观察并在面孔图片呈现时或面孔图片呈现后，判断正（负）性面孔的性别，男性请按“1”键，女性请按“2”键。为避免过多文字对被试造成认知负担，正式实验时指导语部分仅以“正性面孔的性别，男性按‘1’键，女性按‘2’键”或“负性面孔的性别，男性按‘1’键，女性按‘2’键”为指导语。指导语呈现 1000 毫秒之后，出现 500 毫秒“十”字注视点，然后呈现一张 1000 毫秒的情绪图片，之后呈现 1000 毫秒的黑屏。如果被试在面孔图片呈现的 1000 毫秒内反应完成，则直接跳过 1000 毫米的黑屏时间，进入 500 毫秒的反应—线索间隔时间。被试在面孔图片呈现和黑屏呈现时做出反应均视为有效反应。

进行数据分析前先将反应时低于 200 毫秒、多于 2000 毫秒、未作反应的 trial 都除去，剩余有效被试 12 名。所有被试在年龄、性别和教育程度方面无显著差异。行为学数据分析：利用 SPSS16.0 分别对有效数据的平均反应时进行 2（任务类型：重复任务和转换任务）×2（效价：高正性和高负性）的两因素方差分析。ERP 数据分析：分析时程为刺激后 600 毫秒，其中刺激呈现前 100 毫秒作为基线。选择以下的 6 个电极位置记录的数据：Fz、F3、F4（三个点代表额区）、Pz、P3、P4（三个点代表顶区），分别对 6 个电极点的 P3、N170 波幅和潜伏期进行 2（效价：高正性和高负性）×2（任务类型：重复任务、转换任务）×3（偏侧化：左、中、右）×2（前后位置：额区、顶区）的四因素重复测量方差分析。

一 行为学结果

统计分析发现效价主效应显著[F(1, 11) = 10.36, p = 0.008]，负性面孔的反应时明显高于正性面孔。任务类型主效应不显著[F(1, 11) =0.394, p =0.54]。效价×任务类型[F(1, 11) = 1.23, p =0.29]交互效应不显著。

表 4-1 不同任务类型的反应时（$\bar{x}\pm SD$）

效价	任务类型	
	重复	转换
高负性	756.88 ±329.67	772.71 ±364.52
高正性	725.46 ±338.94	723.30 ±346.05

二 ERP 分析结果

从实验中不同条件的总平均图（图 4-1、图 4-2、图 4-3、图 4-4）可以看出，在刺激呈现后 600 毫秒左右，三个条件 ERP 波形重叠在一起。因此，本书选取 700 毫秒（包含 100 毫秒的基线）作为分析时程。从图中可知实验任务诱发了明显的 N170、P3，因此主要测量 N170、P3 成分的波幅与潜伏期。

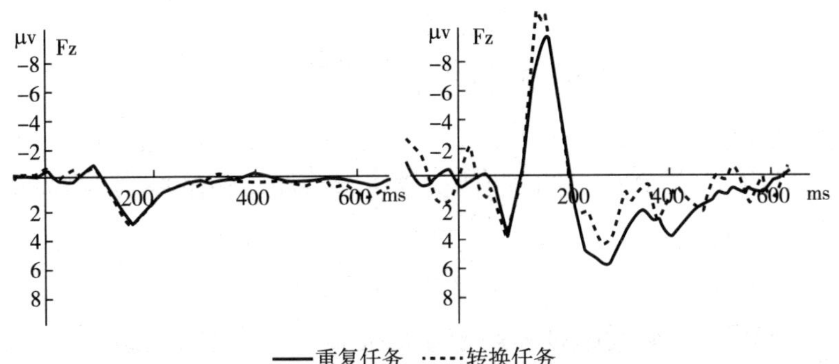

图 4-1 重复任务和转换任务在负性刺激的 ERP 平均波幅

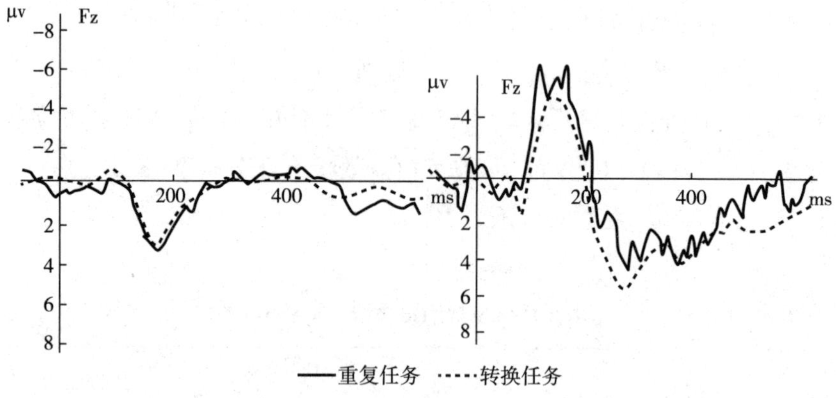

图 4-2　重复任务和转换任务在正性信息的 ERP 平均波幅

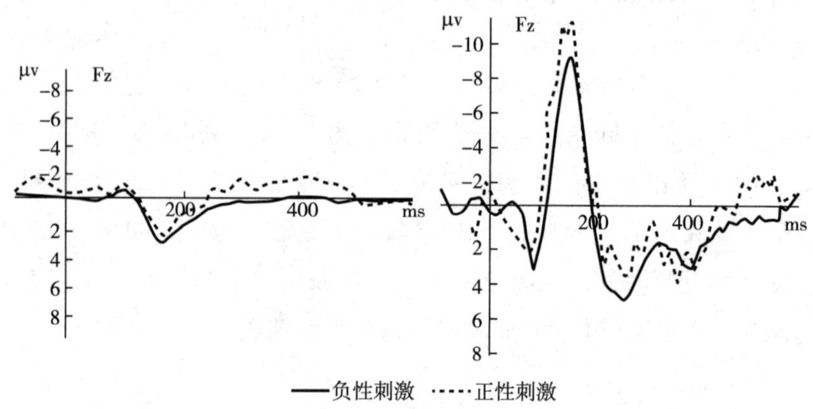

图 4-3　负性刺激和正性刺激在重复任务的 ERP 平均波幅

N170 和 P3 的潜伏期均表现为各因素的主效应和交互效应均差异不显著。

N170 波幅分析发现：偏侧化有显著主效应[$F(2, 22) = 12.49$, $p = 0.000$]，右侧波幅显著高于左侧波幅，说明右半球在对情绪信息的感知、理解方面比左半球具有更大的加工优势。前后位置有显著主效应[$F(1, 11) = 35.60$, $p = 0.000$]，顶区波幅明显高于额区波幅，并且额区和顶区的极性是反转的。偏侧化 × 任务类型有显著交互效应[F(2, 22) =4.74, p =0.019],前后位置×效价×任务类型的交互效应显著[F(1, 11) =4.87, p =0.049]。进一步对顶区的 N170 的波幅分析发现,偏侧化主效应显著[F(2, 22) = 10.44, p =0.001],效价×任务类型的交互效应显著[F(1, 11) = 8.92, p =0.012],简单效应分析发现正性信息的重复任务的波幅明显低于转换任务的波幅[F(1, 11) =6.04, p =0.032]。

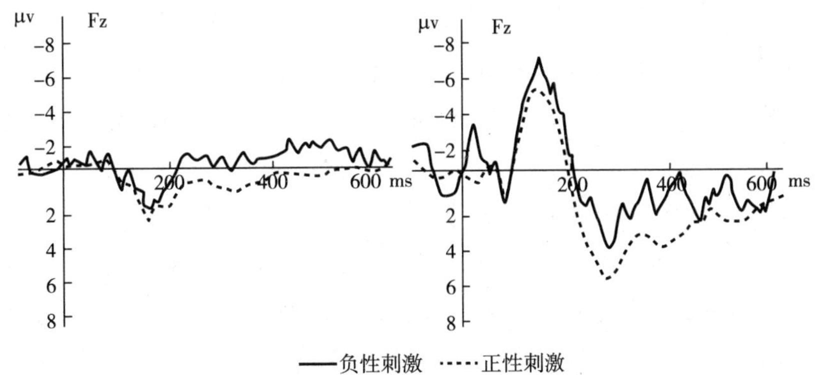

图 4-4　负性刺激和正性刺激在转换任务上的 ERP 平均波幅

P3 波幅分析发现,前后位置[F(1, 11) =26.43, p =0.000]有显著主效应,表现为顶区波幅明显高于额区。偏侧化×效价有显著交互效应[F(1, 11) =26.43, p =0.000]。效价×任务类型[F(1, 11) =6.74, p =0.025]有显著交互效应,进一步简单效应分析发现负性刺激的转换任务的平均波幅显著低于重复任务的平均波幅[F(1, 11) =10.99, p =0.007]。

在本实验中,通过高正、高负性信息之间进行转换的事件相关电位的研究发现,个体对高负性信息的转换任务的敏感性高于重复任务,该敏感性主要表现为 P3 转换任务的波幅低于重复任务。而对高正性信息的重复任务的敏感性高于转换任务,该敏感性主要表现为转换任务的 N170 波幅高于重复任务。

从波形图上可以看出,大约在情绪信息出现 150—200 毫秒,出现了明显的 N170 成分。既往研究也发现 N170 波对早期的视觉空间注意敏感，是早期视觉选择性注意的标志（Leppänen et al.，2007）。本书的研究发现，在头部的顶区，高正性信息的重复任务的 N170 波幅明显低于转换任务的 N170 波幅，说明个体觉察到高正性信息的重复任务与转换任务的差异，但并未觉察高负性信息的重复和转换任务的差异，表明个体在早期选择性注意加工中表现出对不同效价信息的转换执行差异，同时注意加工亦表现出偏侧化倾向。但负性信息在早期 N170 成分上并未引起比正性信息更多的注意资源分配，这与以往研究中的负性加工偏向不一致（Carreti，Mercado & Tapia，2001；Montalana et al.，2008），可能是因为个体无须消耗较多的认知资源就可以对高效价强度的负性信息进行自动化加工，从而忽略了重复和转换任务的差别。

个体完成认知任务中出现的 P3 成分可能是“情境更新”（Context Updating）过程的生理指标（Luck，2005）。在有关抑制控制方面的研究发现中央顶区 P3 活动是抑制控制加工的直接指标，P3 波幅的大小可作为个体对负性刺激抑制程度高低的指标：抑制程度越高，波幅越小；抑制程度越低，则波幅越大（Yuan et al.，2009）。目前有关认知灵活性的很多研究均已发现任务转换与抑制控制密切相关（Grange & Houghton，2010；Vandierendonck，2010），这说明，在一定程度上 P3 成分能反映个体在信息转换中的电生理差异。本书的研究对高正性信息与高负性信息的转换差异的研究发现，个体对高负性刺激的转换任务的平均波幅显著低于重复任务的平均波幅，但对高正性信息的转换任务与重复任务之间却无显著性差异，这说明个体从高正性信息转向高负性目标刺激时产生了转换代价，反过来从高负性信息转向高正性目标信息时却未产生该转换代价，进一步验证了本书研究中的情绪信息转换中的“非对称效应”。在转换任务的 P3 波幅小于重复任务，这与以往转换研究方面的结果一致（Nicholson et al.，2006）。

综上所述，高正、高负性信息转换的“非对称效应”表现为：

高正性信息在早期注意加工阶段的重复任务 N170 波幅低于转换任务的波幅，高负性信息在晚期（P3）抑制控制过程的转换任务波幅低于重复任务。

第二节 不同效价强度的情绪信息转换"非对称效应"产生的神经基础研究

采用贝克抑郁量表、抑郁自评问卷和焦虑自评问卷以整群抽样的方法对某高校在校学生进行筛选，从符合条件的大学生中任意挑选 20 名作为本实验的被试。年龄范围在 18—24 岁，平均年龄约为 22 岁，男女比例 1∶1。所有被试符合以下条件：焦虑自评问卷（SAS）<50、抑郁自评问卷（SDS）的标准分 <53、贝克抑郁量表（BDI）<4。所有被试智力正常，视力或矫正视力良好，没有色觉障碍，均为右利手，排除精神疾病和精神疾病家族史。每个被试需完成两个实验，实验一为高负性低正性情绪信息转换"非对称效应"的神经基础研究，实验二为低负性高正性情绪信息转换"非对称效应"的神经基础研究。为避免前一实验对后一实验可能形成的干扰，两个实验间间隔 10 分钟。

本书的研究采用中国科学院心理研究所制作的情绪面孔。把所有面孔进行面孔类别和愉悦度、优势度和唤醒度的评价，从中选取符合以下条件的面孔。

实验一的刺激材料：选取经过校正的 55 张高正性面孔，55 张高负性面孔。效价差异显著[低正性 =5.00，高负性 =2.58，T(98) =30.70，p =0.000]，唤醒度差异不显著[低正性 =5.10，高负性 =5.24，T(98) =1.18，p =0.24]。正式实验包含 4 个 block，前一个 block 中的目标刺激在后一个 block 中成为分心刺激，而之前的分心刺激则变为目标刺激。每个 block 包含 50 个 trial，前两个 trial 为无效 trial，不纳入结果分析。为防止顺序效应，2 个 block 的任务序列为

BBBABBAABBABBABBABABBABBABBABBABBABABBABBABBA，另外 2 个 block 的任务序列 AAABAABBAABAABAABABAABAABAABAABAABAABABAABAABAAB（斜体加下画线为重复任务，其余为转换任务，且序列第一个字母代表的刺激不纳入数据分析）。

实验二的刺激材料：情绪面孔图片选取同实验一。55 张情绪面孔符合以下标准：效价差异显著（高正性 =6.62，低负性 =3.82，T=34.15，p=0.000），唤醒度差异不显著（高正性 =5.34，低负性 =5.02，T=2.18，p=0.32）。面孔的呈现方式及 block 和 trial 同实验一。

本实验的实验仪器采用 BrainAMP Mr 型脑电记录系统，采用 32 导电极帽记录脑电，参考为双侧乳突，记录垂直眼电和水平眼电，采样频率为 500 赫兹，头皮与电极之间的阻抗小于 5000 欧。实验过程中要求被试尽量保持不动，且不要有剧烈的表情变化，如咧嘴、大笑、频繁眨眼、咳嗽等。离线分析时程为 700 毫秒包含基线 100 毫秒，保留 0.01—30 赫兹，参考为左右乳突的平均值。

为揭示不同效价、不同强度的情绪信息转换“非对称效应”产生的 N170 和 P3 成分。本实验采用 2（任务类型）×2（效价）两因素被试内实验设计。任务类型和效价是自变量，行为数据分析中反应时为因变量，脑电数据分析中 N170、P3 的平均波幅为因变量。研究假设转换任务的 N170、P3 波幅显著大于重复任务；负性信息的 N170、P3 波幅与正性信息的 N170、P3 波幅存在显著差异。正性与负性信息转换中存在“非对称效应”。

使用 E-prime 程序完成刺激的呈现和反应时的记录。练习任务时，电脑屏幕中呈现 6000 毫秒的实验指导语：“屏幕中间呈现‘十’字注视点，稍后将在‘十’字呈现的位置出现面孔图片，请仔细观察并在面孔图片呈现时或面孔图片呈现后，判断正（负）性面孔的性别，男性请按‘1’键，女性请按‘2’键”。为避免过多文字对被试造成认知负担，正式实验时指导语部分仅以“正性面孔的性别，男性按‘1’键，女性按‘2’键”或“负性面孔的性别，男性按‘1’键，女性按‘2’键”为指导语。指导语呈现 1000 毫秒之后，出现 500 毫秒“十”字注视点，然后呈现一张 1000 毫秒的情绪图片，之后呈现黑屏，黑屏的呈现时间为 1000 毫秒。如果被试在面孔图片呈现的 1000 毫秒内反应完成，则直接跳过 1000 毫秒的黑屏时间，进入 500 毫秒的反应—线索间隔时间。被试在面孔图片呈现和黑屏呈现时做出反应均视为有效反应。

实验一和实验二的数据分析方法如下：先剔除实验过程中中途退出或脑电数据噪声过大的被试，然后将有效被试数据中反应时低于 200 毫秒、多于 2000 毫秒、未作反应的 trials 都除去。剩余有效被试 12 名，有效被试在年龄、性别和教育程度方面无显著差异。行为学数据分析：利用 SPSS16.0 分别对有效数据的平均反应时进行 2（任务类型：重复任务和转换任务）×2（效价：实验一为低正性和高负性/实验二为低正性和高负性）的双因素方差分析。ERP 数据处理：选择以下 6 个电极位置记录的 ERP 波形用于统计分析：Fz、F3、F4、Pz、P3、P4，主要测量并分析 N170 和 P3，对 N170 在 140—200 毫秒时间窗口内测量其波幅（基线到波峰）及潜伏期；对 P3 在 250—400 毫秒时间窗口内测量其波幅（基线到波峰）。分别对基本 ERP 波形 N170 和 P3 波幅和潜伏期进行 2（效价：实验一为低正性、高负性/实验二为低正性和高负性）×2（任务类型：重复任务、转换任务）×3（偏侧化：左、中、右）×2（额区、顶区）的四因素重复测量方差分析。

一　高负性与低正性情绪信息转换结果

1. 行为学结果

统计分析发现，任务类型与效价［$F(1, 11)=6.04$，$p=0.03$］交互效应显著，任务类型在高负性信息上［$F(1, 11)=6.84$，$p=0.024$］简单效应显著，表现为高负性信息的转换任务反应时明显高于重复任务反应时。效价在重复任务水平上简单效应显著［$F(1, 22)=4.82$，$p=0.049$］，低正性信息的反应时显著长于高负性信息的反应时。

表 4－2　　　　　不同任务类型的反应时（$\bar{x} \pm SD$）

效价	任务类型	
	重复	转换
高负性	844.15 ±78.61	892.76 ±163.94
低正性	891.18 ±78.61	879.80 ±155.46

2. ERP 结果

N170 和 P3 的潜伏期分析发现各因素的主效应和交互效应均不显著。

N170 波幅分析发现：偏侧化[$F(2, 22)=3.43$，$p=0.049$]有显著主效应，右侧波幅显著高于左侧波幅，反映了人类对情绪信息的认知加工的右半球优势。前后位置主效应显著[$F(1, 11)=16.40$，$p=0.02$]，顶区的平均波幅显著高于额区的平均波幅。任务类型有显著主效应[$F(1, 11)=6.24$，$p=0.030$]，转换任务的平均波幅显著高于重复任务的平均波幅。偏侧化×前后位置有显著交互效应[$F(2, 22)=3.32$，$p=0.049$]。

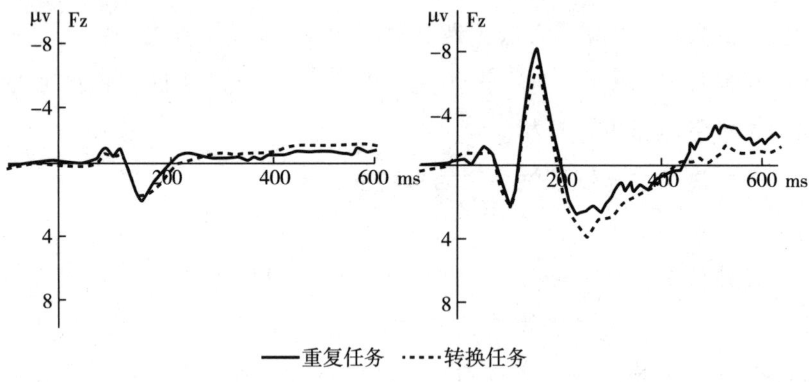

图 4－5　重复任务和转换任务在低正性信息上的 ERP 平均波幅

P3平均波幅分析发现：偏侧化有显著主效应[F(2，22)=5.24，p=0.014]。前后位置[F(1，11)=30.46，p=0.000]主效应显著。任务类型有显著主效应[F(1，11)=5.85，p=0.034]，转换任务的平均波幅显著高于重复任务的平均波幅。偏侧化×前后位置×效价有显著交互效应[F(2，22)=5.097，p=0.018]。进一步对顶区的P3的波幅分析发现，效价主效应显著[F(1，11)=7.07，p=0.022]，高负性信息的平均波幅明显高于低正性信息的平均波幅。

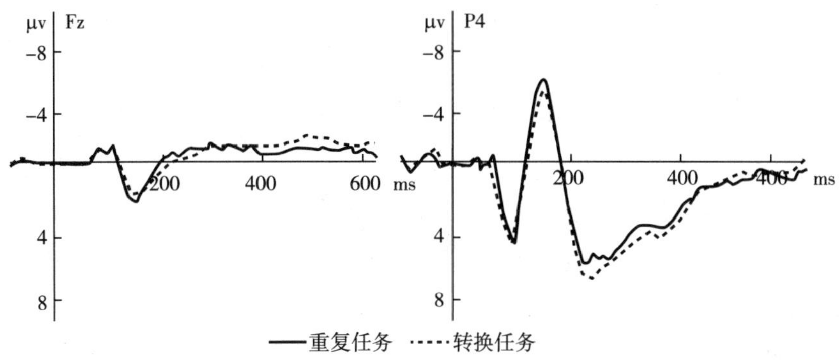

图4-6　重复任务和转换任务在高负性信息中的ERP平均波幅

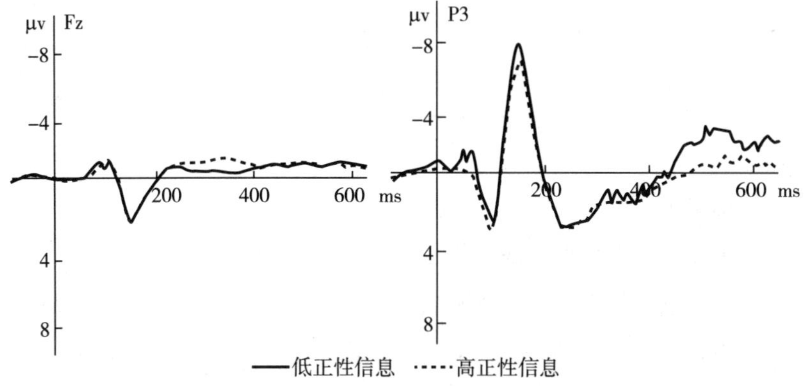

图4-7　低正性信息和高正性信息在重复任务中的ERP平均波幅

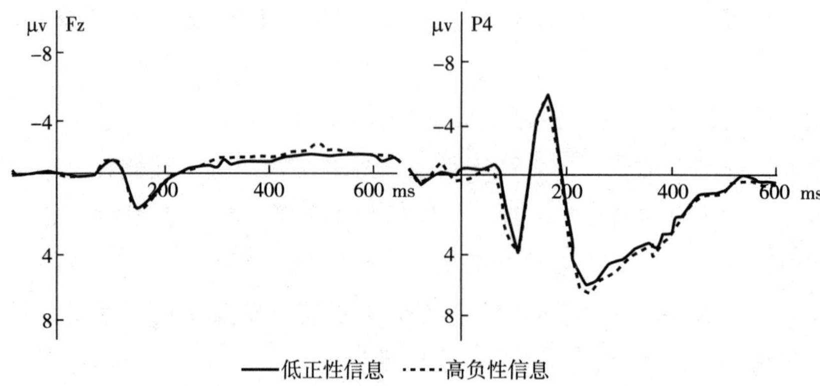

图 4－8　低正性信息和高负性信息在转换任务中的 ERP 平均波幅

二　高正性与低负性情绪信息转换结果

1. 行为学结果

统计分析发现，任务类型［F（1，11）＝22.28，p＝0.001］主效应显著。效价的主效应不显著［F（1，11）＝0.31，p＝0.59］。任务类型×效价的交互效应差异不显著。

表 4－3　　不同任务类型的反应时（$\bar{x}$ ± SD）

效价	任务类型	
	重复	转换
低负性	748.33 ± 114.06	795.31 ± 116.01
高正性	740.04 ± 92.16	786.78 ± 108.48

2. ERP 结果

N170、P3 潜伏期的各因素主效应和交互效应均不显著。

N170 波幅分析发现：偏侧化有显著主效应［F(2，22)＝6.18，p＝0.0007］。前后位置主效应显著［F(1，11)＝19.81，p＝0.001］，顶区的平均波幅高于额区。任务类型［F(1，11)＝11.4，p＝0.006］有显著主效应，具体表现为转换任务的波幅显著高于重复任务。偏侧化×前后位置[F(2, 22) = 3.32, p = 0.049]有显著交互效应。

P3 平均波幅分析发现：偏侧化主效应边缘显著[F(2, 22) = 3.34, p = 0.054]。前后位置[F(1, 11) = 7.07, p = 0.022]主效应显著，顶区的平均波幅显著高于额区的平均波幅。进一步对顶区的 P3 的波幅分析发现，效价主效应显著[F(1, 11) = 2.036, p = 0.018]，低负性信息的平均波幅明显小于高正性信息的平均波幅。任务类型有显著主效应[F(1, 11) = 8.40, p = 0.014]，转换任务的平均波幅显著高于重复任务的平均波幅。

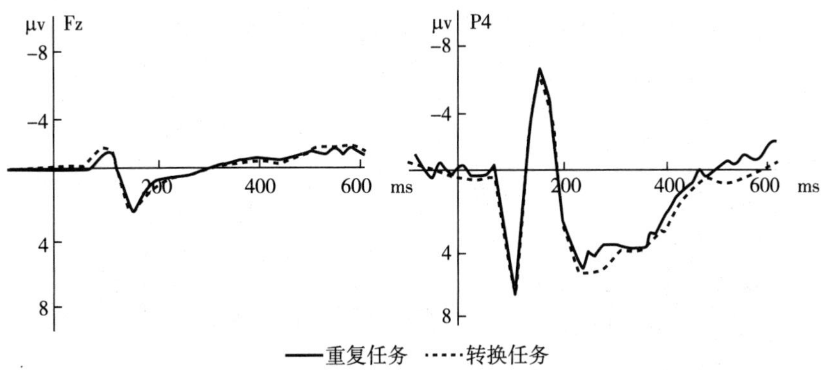

图 4-9　重复任务和转换任务在高正性信息上的 ERP 平均波幅

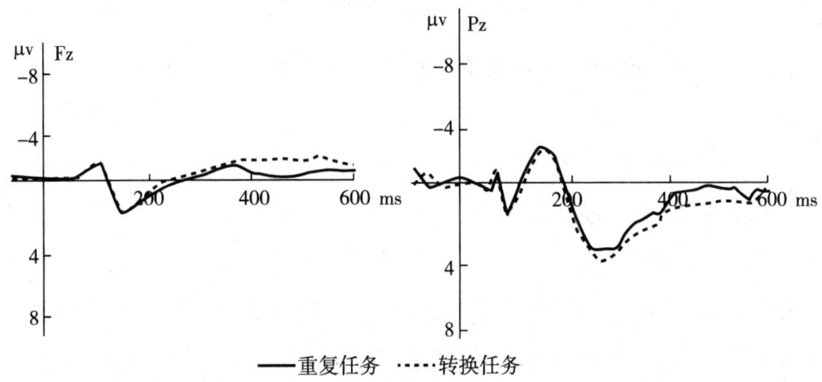

图 4-10　重复任务和转换任务在低负性信息上的 ERP 平均波幅

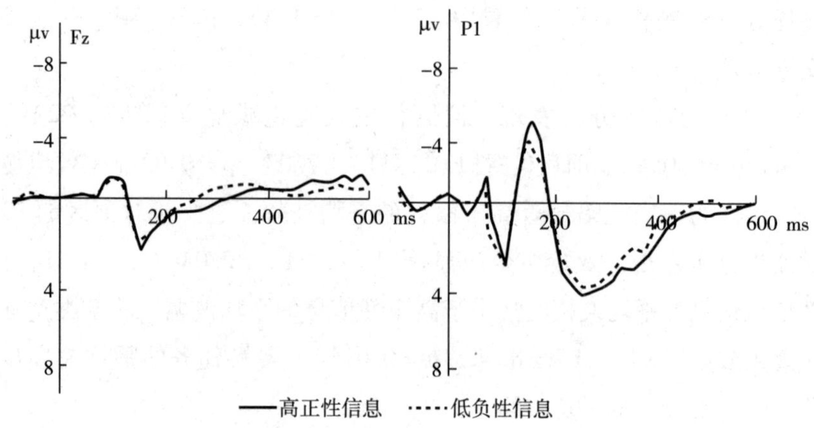

图 4－11　低负性信息和高正性信息在重复任务中的 ERP 平均波幅

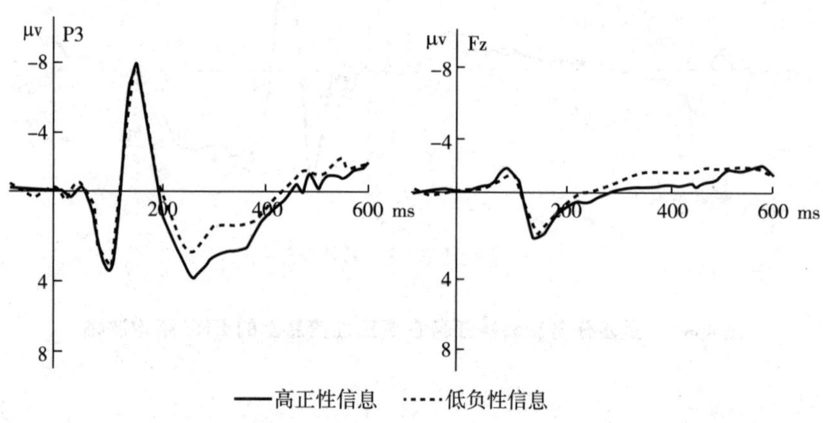

图 4－12　低负性信息和高正性信息在转换任务中的 ERP 平均波幅

本书的研究在实验一和实验二中采用事件相关电位实验技术考察了正常被试效价强度差异下正负情绪信息转换的 ERP 特点。研究发现两个实验均在视觉注意加工的早期 N170 成分中表现出对重复任务和转换任务的注意资源分配差异，具体表现为转换任务的波幅明显高于重复任务的波幅。在经过 N170 阶段不同程度的注意加工后，在晚期 P3 成分上，不仅表现出转换任务的平均波幅明显大于重复任务的平均波幅的，还表现高效价强度的转换任务的平均波幅显著高于低效价强度的平均波幅。

本书的研究发现，在刺激呈现后 150—200 毫秒所有被试都表现出一个明显的负向 N170 成分，且波幅在顶区更大。研究结果表明转换任务的平均波幅显著高于重复任务。而 N170 活动反映了在早期信息加工的感知阶段与注意相关的脑活动，是早期视觉选择性注意的标志（Leppänen et al.，2007；Montalana et al.，2008）。该研究结果说明，在早期个体注意到重复任务和转换任务的差别，并且个体已经开始为转换任务的执行进行准备。但由于 200 毫秒是极短的时间过程，在该时间内的加工往往被认为是无意识加工（Leppane et al.，2007）。因此，被试对转换任务和重复任务的早期注意可能是无意识和自动化的。

本书的研究发现，在刺激呈现后 250—400 毫秒所有被试表现出明显的正向 P3 成分，且波幅在顶区最大。两个分实验均表现为任务类型有显著主效应，转换任务的平均波幅显著大于重复任务，这与以往研究类似（Nicholson et al.，2006）。例如，Nicholson 等（2006）的研究也发现线索呈现时转换 trials 诱发的顶叶 400 毫秒波幅较之重复任务 trials 更正。Lavric 等的研究（2008）也发现了类似的 P3 成分。两个分实验的研究均发现效价有显著主效应，表现为实验一中的高负性的平均波幅高于低正性的平均波幅，实验二中高正性的平均波幅显著高于低负性的平均波幅。这说明在效价强度不同的情况下，个体由高强度信息转向低强度信息的转换代价与低强度信息转向高强度信息的转换代价存在差异，产生"非对称效应"。该效应产生可能与个体对高效价强度的负性信息的加工敏感性强于低效价强度的负性信息有关。本书的研究也发现个体对正性信息的效价强度同样敏感，与袁加锦等的研究不一致（Yuan et al.，2009），这是因为本研究被试所操作的任务是低强度的负性信息与高强度的正性信息的转换，个体为避免低强度负性信息的干扰，可能会有意识地加强了对高强度正性信息的加工。因此，当个体从低强度转向高强度信息，需要抑制无关信息（当前的分心刺激—低强度）的干扰，只需较少的资源即可抑制低强度信息的干扰，但从高强度信息转向低强度信息时，个体就需要更多的资源抑制高强度信息的干扰。以往的研究已发现，所需抑制越小，P3 波幅越大（辛勇等，2010）。因此，个体转向高强度信息的 P3 波幅大于转向低强度信息的 P3 波幅。当个体从高强度信息转向低强度信息时，低强度信息转换任务 P3 波幅小于高强度信息转换任务的 P3 波幅。

综上所述，效价强度不同时，N170 成分反映出个体已经可以对转换任务和重复任务差别进行感知，P3 成分反映出个体对高低效价强度信息的抑制差异，表现为低强度信息的转换任务显著低于高强度信息，体现出“非对称效应”。

第五章

情绪信息转换“非对称效应”的抑制机制

在日常生活中，个体往往根据不同的目标在不同的任务之间自由转换以确保在同一时间完成不同的任务。不同的任务之间进行转换时，会产生大小不同的转换代价。

第一节　抑制机制对情绪信息转换的影响

任务转换代价的产生可能源于个体对先前任务的抑制（Mayr & Keele，2000；Gade，Schuch，Druey & Koch，2014；Koch，Gade，Schuch & Philipp，2010；Schuch & Grange，2015；Koch et al.，2018）。采用 N－BACK 范式对任务转换进行研究发现，任务序列 ABA（当前执行任务的 trial N 与之前执行的 trial N－2 相同）与任务序列 CBA（当前执行任务的 trial N 与之前执行的 trial N－2 不同）比较发现，ABA 的反应时间明显慢于 CBA 任务序列，研究者认为出现这种现象的原因在于 ABA 中的 trial A 比 CBA 序列中的 trial A 所受到的抑制更大（Gade，Schuch，Druey & Koch，2014；Schuch & Grange，2015）。采用一致性任务范式的研究通过要求被试加工当前任务且忽视无关任务考察个体的任务转换产生机制。如在 Stroop 范式中，刺激材料为红色颜色撰写的“绿”字，或绿色颜色撰写的“红”字。任务A为判断汉字的颜色，任务B为判断汉字的词义。被试在完成任务的时候需要抑制词语的另一属性（如判断词义需要抑制颜色，判断颜色需要抑制词义）。Schouppe等（2012）的研究发现当被试试图回避而不是接近Stroop刺激时，一致性效应降低。但是也有研究发现不一致的结果（Dreisbach & Fischer，2012；Fazio，2001；Brouillet，Ferrier，Grosselin & Brouillet，2011；Fritz & Dreisbach，2013；张丹丹，2015）。如采用情绪启动范式考察一致性或不一致性启动刺激对情绪词的评定效果的影响，结果发现在不一致性启动刺激下，被试对负性词而不是正性词的分类加强，表现出情绪的负启动效应。

本书的研究通过前面的多个实验验证情绪信息之间进行转换时，存在不同的转换代价，且不同效价的情绪信息进行转换时存在“非对称效应”。那么，这种“非对称效应”产生的心理机制是什么？当正性刺激为目标刺激时，负性刺激为分心刺激，而负性刺激为目标刺激时，正性刺激为分心刺激。在这种情况下，产生“非对称效应”的原因可能有以下两种可能：第一种可能是“非对称效应”反映了先前任务设置的正启动。也就是说，负性信息以激活增强的方式而不是抑制增强的方式使个体转向正性信息时的转换代价小于个体转向负性信息的转换代价（负性信息激活水平较高，促进了当前任务的完成，而正性信息的激活水平较低，难以促进当前任务的完成）。第二种可能是，负性信息相对于正性信息具有加工优势，表现为负性信息比正性信息更易激活，当个体完成正性信息时，需要更多的认知资源抑制负性信息。而个体完成负性信息时，则不需要过多的资源抑制正性信息，由此产生个体在从负性信息转向正性信息时需要的转换代价大于从正性信息转向负性信息时的转换代价不同，产生“非对称效应”。为检验这两种解释哪一种更为合理，我们进行以下实验。

第二节 抑制机制对情绪信息转换“非对称效应”的影响研究

采用贝克抑郁量表、抑郁自评问卷和焦虑自评问卷以整群抽样的方法对某高校在校学生进行筛选，从符合条件的大学生中任意挑选50名作为本实验的被试。年龄范围在18—25岁，平均年龄约为22.5岁，男女比例1∶1。所有被试符合以下条件：焦虑自评问卷（SAS）<50、抑郁自评问卷（SDS）的标准分<53、贝克抑郁量表（BDI）<4。所有被试智力正常，视力或矫正视力良好，没有先天性色觉障碍，均为右利手，排除精神疾病和精神疾病家族史。被试分为两组，一组被试完成条件1，一组被试完成条件2。

从中国科学院心理研究所编制的中国情绪面孔图片库选取情绪面孔，并对面孔进行效价和唤醒度的校正。其中，120张情绪面孔（60张正性面孔，60张负性面孔）用于正式实验，20张情绪面孔（10张负性面孔，10张正性面孔）用于练习实验。整个实验为正性信息和负性信息之间的转换。实验各包含8个block。为防止顺序效应，4个block的任务序列为AAABBABBAABAABB，另外4个block的任务序列为BBBAABAABBABBAA。转换任务和重复任务之间的平均反应时之差为转换代价。

为揭示情绪信息转换“非对称效应”的抑制机制，本书的研究采用2（任务类型）×2（条件）×2（效价）三因素混合实验设计。任务类型和效价为被试内变量，条件为被试间变量。转换任务与重复任务的反应时之差为因变量。

本书的研究共2个研究假设。假设一，“非对称效应”的产生是基于个体对先前刺激信息的正启动差别。也就是说，负性信息以激活增强的方式而不是抑制增强的方式（负启动）使个体转向正性信息时的转换代价小于个体转向负性信息的转换代价。那么，在条件 2 中先前两类相同效价的信息同时出现所产生的启动效应将大于条件 1 中两类不同效价的信息同时出现所产生的正启动效应，条件 2 的刺激信息更易激活，由此导致条件 2 的转换代价将小于条件 1 的转换代价；由于个体对负性信息存在加工优势，因此，无论条件 1 还是条件 2 都将存在个体对转向负性信息和转向正性信息的转换代价存在不平衡性。这种情况下，个体对先前刺激信息的正启动结合负性信息的加工优势将会出现条件 2 的转换代价小于条件 1 的转换代价。假设二，“非对称效应”的产生是基于个体对先前刺激信息的干扰抑制差别。那么，在条件 2 中先前两类相同效价的信息同时出现所产生的干扰效应将大于条件 1 中两类不同效价的信息同时出现所产生的干扰效应，条件 2 的刺激信息干扰更大，由此导致条件 2 的转换代价将大于条件 1 的转换代价；由于个体对负性信息存在加工优势，因此，无论条件 1 还是条件 2 都将存在个体对转向负性信息和转向正性信息的转换代价存在不平衡性。这种情况下，个体对先前刺激信息的干扰效应结合负性信息的加工优势会导致条件 2 的转换代价大于条件 1 的转换代价。

在本书的研究中设计两种实验条件，条件一同时呈现正性和负性两种效价的情绪面孔，一种效价为目标刺激，另一种效价为分心刺激，要求对某一效价的面孔做性别任务判断。重复几个 trial 之后，转换前的目标效价刺激变为分心刺激，而分心刺激则变为转换后的目标效价刺激。条件二中目标刺激和分心刺激的效价相同。也就是同时呈现一种效价的情绪面孔，目标刺激以黄色方框标出，未标出的为分心刺激，要求个体对方框内的刺激做性别任务判断。重复几个 trial 之后，转换为另一效价的刺激为目标刺激，见图 5－1。

条件一与条件二的区别是条件二中同时呈现的两张情绪面孔的效价相同，要求被试判断的面孔用黄色方框标出。

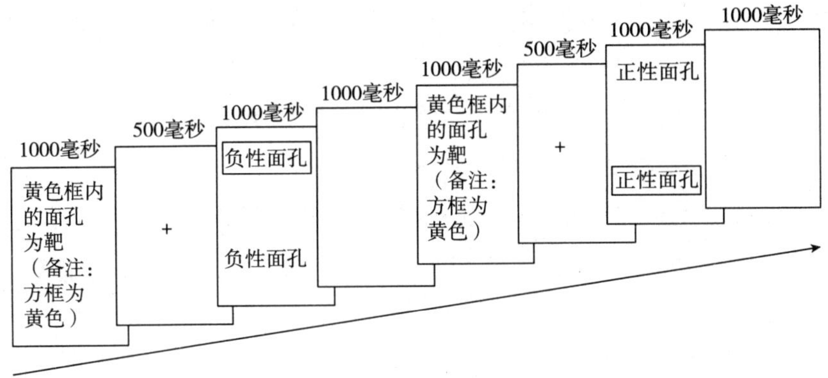

图 5－1　条件二的实验设计

使用 E－prime 程序完成刺激的呈现和反应时的记录。被试进入隔音屏蔽的实验室，在计算机前坐好。

条件一的练习实验呈现 6000 毫秒的指导语：“请注意屏幕中的‘十’字注视点，稍后将在‘十’字注视点的位置出现面孔图片，认真观看并判断正（负性）情绪面孔的性别，男性请按‘1’键，女性请按‘2’键”。正式实验呈现 1000 毫秒的指导语：“负性为靶”或“正性为靶”。指导语呈现之后，出现 500 毫秒“十”字注视点，然后呈现一张情绪图片 1000 毫秒，之后呈现 1000 毫秒的黑屏，要求被试在黑屏呈现时做出反应。为了消除反馈对被试的情绪状态的影响，对被试的判断不做任何反馈。

条件二的练习阶段呈现 6000 毫秒的指导语：“请你认真观看每一张图片，体验图片带给你的情绪感受，图片呈现之后，出现两个相同效价的面孔，并判断黄色方框内负性（正性）面孔的性别，如果是男性，请按‘1’键，如果是女性，请按‘2’键”。正式实验的指导语呈现 1000 毫秒，并且以“正性为靶”代表要求被试判断稍后呈现的黄色方框内正性面孔的性别判断任务，以“负性为靶”代表要求被试判断稍后呈现的黄色方框内负性面孔的性别判断任务。指导语呈现完毕后，出现“十”字注视点，呈现时间为 500 毫秒，然后呈现一张 1000 毫秒的情绪图片。随后间隔 1000 毫秒的黑屏，要求被试在黑屏时按键反应。

在每个 trial 中，出现两张情绪面孔，这两张情绪面孔为正性或负性，两张情绪面孔同时在屏幕出现，一个在上，一个在下。

由于过高的错误率可能反映出被试实验不认真，故正式数据分析时先剔除平均错误率高于 60% 的被试，条件一剩余 22 个被试，条件二剩余 23 个被试。分析数据之前还需剔除反应时低于 100 毫秒、多于 2000 毫秒、未作反应的试次。假设在条件一下转换前的反应时为 RT1，在转换后的反应时为 RT2。在条件二下，转换前的反应时为 RT1，在转换后的反应时为 RT2。主要分析条件一的正性转换代价（RT1—RT2）vs 负性转换代价（RT1—RT2）与条件二的正性转换代价（RT1—RT2）vs 负性转换代价（RT1—RT2）的“非对称效应”的差别。利用 SPSS16.0 对有效数据的转换代价进行效价（正、负）×条件（条件一、条件二）的两因素混合实验设计的重复测量方差分析。

反应时数据结果：进行 2（条件：条件一、条件二）×2（情绪：负性、正性）的方差分析，经过 Greenboues - Geiessr 校正之后，发现条件的主效应显著[$F(1, 43) = 8.56$, $p < 0.001$]；情绪的主效应显著[$F(1, 43) = 28.20$, $p < 0.001$]；情绪×条件之间的交互作用不显著[$F(1, 43) = 3.61$, $p = 0.062$]。

表 5 - 1　　不同条件的转换损失（$\bar{x} \pm SD$）

条件	正性	负性	被试（个）
条件一	3.17 ±65.51	34.10 ±42.11	22
条件二	31.23 ±45.79	96.78 ±79.85	23

本书的研究通过在注意分心转换范式中设置条件一和条件二两种不同的刺激呈现方式，对产生情绪相关任务转换的“非对称效应”的

抑制机制进行探讨。结果发现个体对先前不同效价信息的干扰抑制差别可能是产生情绪相关任务转换的“非对称效应”的心理机制。

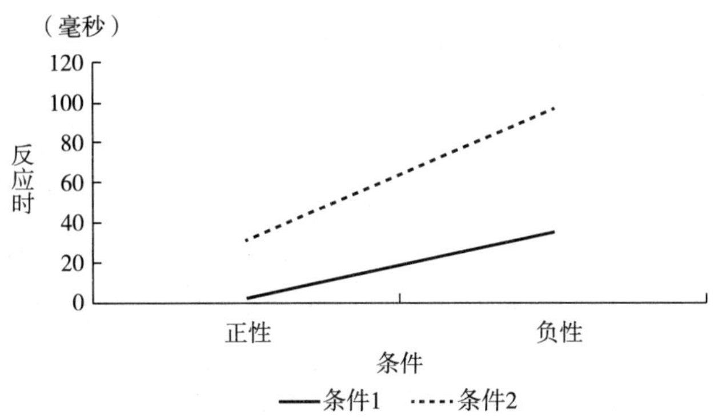

图 5-2 情绪与条件的交互效应

“非对称效应”的产生正启动假设认为，负性信息以激活增强的方式使个体转向正性信息时的转换代价小于个体转向负性信息的转换代价。那么，在条件二中先前两类相同效价的信息同时出现所产生的启动效应将大于条件一中两类不同效价的信息同时出现所产生的正启动效应，条件二的刺激信息更易激活，由此导致条件二的转换代价将小于条件一的转换代价。但本书研究的条件一中分心刺激与效价不同，条件二中分心刺激与效价相同，根据以上反应干扰的推论，条件一产生的干扰效果将大于条件二产生的干扰效果，那么，条件二的转换代价应该小于条件一。但本研究结果并不支持这一假设。

对反应时分析发现，条件有主效应，无论是转向正性信息还是转向负性信息，条件二的转换代价明显高于条件一。这可能是由于当一个任务完成，一个新的任务开始时，已经完成的任务将对当前任务产生干扰，个体要顺利完成当前任务，需要有效的抑制之前已完成的任务。例如，转换过程中的冲突将会显著性增加定向转换中的返回抑制现象（Mayr et al.，2000；Grange & Houghton，2010）。在条件二中，前任务刺激由相同效价信息组成，条件一中，前任务刺激由不同效价信息组成，个体在完成条件二时所产生的任务后效将大于条件一中不同效价信息产生的任务后效，因此，个体在完成条件二时所需要的克服前任务刺激的干扰控制将大于完成条件一时所需的干扰控制。反应时分析还发现效价有显著主效应，无论条件一和条件二，均是转向负性信息的转换代价高于转向正性信息的转换代价。这是由于负性信息与正性信息相比，人类对负性信息的加工具有更高的天然敏感性，对负性信息进行优先加工，产生认知加工偏向（Inaba et al.，2005）。因此，无论是条件一还是条件二，当个体转向正性信息时，负性信息产生任务后效，干扰个体的转换，而当个体转向负性信息时，正性信息产生任务后效，干扰个体的转换时间。由于负性信息的加工优势，故负性信息产生的任务后效较正性信息产生的任务后效大，由此导致个体转向负性信息的转换代价大于个体转向正性信息的转换代价。综合任务后效对后续任务的干扰以及负性信息相较于正性信息的加工优势，最终形成无论是转向正性信息还是转向负性信息，将产生条件二的情绪相关转换的“非对称效应”大于条件一的情绪相关转换的“非对称效应”，支持研究假设二。

综上所述，情绪信息相关转换的“非对称效应”的产生是基于个体对先前正性信息和负性信息不同的干扰抑制后效。

第六章

情绪信息“非对称效应”的认知神经机制

第一节　情绪信息转换“非对称效应”产生的认知神经基础

一　负性加工偏向是情绪信息转换“非对称效应”产生的必要条件

本书第二章有关正性信息与中性信息的转换研究、负性信息与中性信息的转换研究中均未产生以往类似研究中的转换代价，但有关正性信息与负性信息的转换研究中不仅发现了转换代价，而且个体在转向负性信息时的转换时间高于在转向正性信息时的转换时间，这说明只有正负信息进行转换时，情绪信息转换才会产生“非对称效应”。

情绪存在情绪极性（正、负和中性）的差别，个体对不同极性情绪的感知是不同的，因此，个体对不同效价的情绪信息的加工水平是不一致的。大量研究发现（Hansen et al.，1988；Pratto et al.，1991；蒋长好等，2007），个体在面向不同效价的情绪信息时，会优先注意并加工负性信息，其次是正性信息，最后才是中性信息，由此产生对负性信息的优先加工优势。本书的研究中，采用改进的注意分心转换范式，在相同的任务强度的前提下，个体在加工当前任务时，会受到同时呈现的不同效价的信息和前一任务要求的干扰。正、负信息是完全相反的两极情绪信息，不同极性情绪信息产生的干扰较大。因此，个体在完成转换任务时，需要针对不同极性的信息花费不同程度的认知资源排除干扰，从而导致正负性信息进行相互转换时产生不同的转换代价。但是，中性信息本身很难引起个体的注意，因此，个体在完成正性或负性信息时，中性信息可能产生的干扰较小，不足以对个体的转换能力产生影响，故个体在完成正性或负性信息时，重复和转换之间不存在差异。

二　正负信息的效价强度差异是“非对称效应”产生的充分条件

在第三章的两部分行为实验中，探查了情绪效价强度效应是否会影响情绪信息转换，致使不同效价强度的正负信息转换产生“非对称效应”。

第一部分的研究在保持效价相同的情况下，改变刺激信息的强度，结果却发现高强度和低强度的负性信息在进行转换时的反应时间会高于重复任务，但是转向高负性信息和转向低负性信息所产生的转换代价之间并不存在“非对称性”；高强度、低强度的正性信息在进行转换时的反应时间与重复任务时的反应时间无显著性差异。该结果的产生一方面补充了第二章的研究，说明要产生“非对称性效应”必须要效价极性的差异；另一方面高负性信息与低负性信息转换时转换任务用时高于重复任务，说明个体能明显感知到情绪信息发生了变化，并加以注意，而高正性与低正性信息的转换却未发现此现象，这与以往研究关于“个体对负性信息的效价强度变化更敏感，但对正性信息的强度变化却不敏感”（Yuan et al.，2007）一致。

第一部分的研究说明要产生情绪信息转换“非对称效应”，单有效价强度差异是不够的，情绪信息的正负极性差异是该效应产生的必要条件。因此，第二部分的研究在保证正负极性差异的同时，考察效价强度差异能否影响情绪信息转换，并产生“非对称效应”。该部分的研究结果发现：在效价强度不同时，无论是高负性信息与低正性信息之间转换，还是高正性信息与低负性信息之间的转换，均表现出一致的反应，即个体对负性信息的转换产生了转换代价，正性信息的转换却未产生转换代价，出现了“非对称效应”。这可能与个体对不同效价信息的抑制控制差异有关，也可能与个体对不同强度效价信息的敏感性差异有关联（Goldstein et al.，2002；Yuan et al.，2007）。在效价强度相同时，高强度的负性信息与高强度的正性信息之间的转换产生了“非对称效应”。低强度的负性信息和低强度的正性信息虽然有极性差异，但这种差异的水平很低，个体在感知时，很难觉察这两类信息的差别，导致在转换任务时，分心刺激，尤其是前一任务刺激都未对当前的信息加工产生干扰（或产生的干扰较低），因此，该“非对称效应”并未产生。

第四章的研究发现在高负性和高正性信息转换中表现出“非对称效应”，这可能是因为高正性信息和高负性信息的极性差异较大，个体对它们的感知、注意较多，在转换任务中，相反效价的分心刺激产生的干扰较大，同时前一任务也会干扰当前的加工，并且由于个体对高负性信息的感知更加敏感（Yuan et al.，2007），致使高正性信息和高负性信息产生的干扰大小是不同的，最终导致产生情绪信息转换的“非对称效应”。效价强度不同时，晚期（P3）个体对高低效价强度信息产生不同的加工深度，致使个体出现情绪信息转换的“非对称效应”。脑电结果进一步说明效价强度差异是“非对称效应”产生的充分条件。

三　个体对正负效价信息的抑制差异是产生情绪信息“非对称效应”的机制

有关情绪信息转换产生的神经基础研究发现：当效价强度不同时，基于对不同强度的效价信息的差异加工，反映早期注意加工的N170成分表现出对情绪信息的转换任务和重复任务的感知差异，这说明在早期注意加工中，个体开始感知到转换任务为新异刺激，对它的关注较多，大脑兴奋性高，导致转换任务 N170 波幅较高于重复任务；但当效价强度一致时，鉴于个体对情绪信息的负性加工偏向，相较于正性信息，个体对高负性信息的加工较深，注意干扰更大（戴琴，2008），因此，当个体转向高正性信息时，需要更多的资源排除高负性信息的干扰，导致转向高正性信息时的 N170 波幅明显高于重复任务，而由于高正性信息对高负性信息的干扰较小，导致转向高负性信息时的转换 N170 与重复任务无显著性差异。随着信息的进一步加工，反映晚期精细加工的 P3 成分在效价强度相同时，由于个体对转向高负性信息转换任务的敏感性高于重复任务，而对转向正性信息的转换任务和重复任务并无差异，出现情绪信息转换的“非对称效应”。在效价强度不同时，基于情绪信息的高低效价强度所导致的抑制效果的差别，产生了转向高效价强度信息的转换代价高于转向低效价强度信息的转换代价现象，出现“非对称效应”现象。

以往的很多研究发现 P3 波幅是个体对无关信息的抑制控制的指标（戴琴，2008；Yuan et al.，2007）。而本书的研究有关该“非对称效应”产生的电生理研究发现了 P3 成分与不同效价信息的转换任务和重复任务密切相关。这是否说明个体的抑制控制是情绪信息转换的“非对称效应”的心理机制？在以上前几章的所有实验中，当某一效价刺激成为目标刺激时，相反效价刺激将成为分心刺激。这种情况下，可能有两种原因会导致该效应的产生：前一任务设置的正启动；前一任务设置的负启动，或者说先前任务设置的干扰，先前任务的干扰较大，当前所需的抑制控制就越强。研究结果支持先前任务会对当前任务的完成产生干扰的假说（Vandierendonck et al.，2010）。

第二节 靶刺激呈现时间与情绪信息转换的“非对称效应”

认知重构理论认为改变刺激时间间隔能影响转换代价的大小。Rogers 和 Monsell（1995）采用交替转换范式，改变前一任务反应与后一任务刺激呈现之间的时间间隔（RSI），结果发现 RSI 越长，转换代价越小。Meiran（1996）采用任务—线索范式对反应—线索时间间隔（RCI）进行控制，调整线索—刺激时间间隔（CSI），结果发现较长的 CSI 较较短的 CSI 的转换代价小。控制 RCI 也可以改变后一任务的准备状态。在第三章的行为结果中发现无论低负性信息转向高正性信息，还是高负性信息转向低正性信息时，转换任务和重复任务的反应时差异不显著，转换代价未产生。这可能是由于个体对不同强度的正性信息感知更快，反应更敏感，而在第三章的行为学实验中，靶刺激呈现时间为固定 1000 毫秒，刺激呈现完毕后，被试在 1000 毫秒的黑屏时进行反应，而被试在完成任务后，普遍反映靶刺激的呈现时间太长，他们在等待刺激呈现完毕后进行反应，实验设计中的靶刺激呈现时间过长使被试对高正性信息和低正性性信息均进行了充分认知加工，最终抵消了正性和负性信息的差异。因此，在第四章的研究中，为防止个体对靶刺激的过度加工会抵消“非对称效应”的可能性，实验设计时，靶刺激呈现时间依然为 1000 毫秒，随后亦伴随 1000 毫秒的黑屏，但研究者要求被试在靶刺激呈现时即可反应，如果被试 1000 毫秒内反应完成，则直接跳过黑屏，进入反应—线索间隔。研究结果证实了这种可能，发现无论低负性信息转向高正性信息，还是高负性信息转向低正性信息时，转换任务和重复任务的反应时存在显著性差异。刺激呈现时间会影响转换代价在以往文献中也有类似的研究（Vandierendonck et al.，2010）。这说明控制靶刺激的呈现时间对揭示情绪信息转换特点非常重要。

第三节　任务难度与情绪信息转换的“非对称效应”

物理认知任务的研究发现，任务难度的不同会影响转换代价，导致两个不同强度的任务互相转换时，产生“非对称效应”（Allport et al.，1994）。这可能是因为在两个任务难度不同的任务中，任务的难度不同导致前一任务（已完成的任务）对后一任务的干扰会存在差异，而如果任务难度不存在差别，那么，这种不同水平的干扰就不会产生，“非对称效应”也将消失，有关熟练应用第二语言的个体的研究没有发现任务转换的“非对称效应”，这可能是熟练的第二语言者的母语和第二外语在应用的熟悉性上已经没有差别，故两种语言之间不会产生干扰（Costa et al.，2004；Finkbeiner et al.，2006）。在本书中，采用性别判断任务，考察不同效价情绪信息的转换，结果发现正性和负性信息之间的转换存在“非对称效应”，具体表现为个体转向负性信息时的转换代价高于转向正性信息时的转换代价。本书研究发现，负性加工偏向和效价强度差异是情绪信息转换“非对称效应”的产生因素。但是，本书的研究为避免任务难度干扰实验结果，在实验设计中对任务难度进行控制。因此，未来研究可考虑区分物理认知转换和情绪信息转换。例如，在双语任务的转换中设置强度不同对不同效价双语任务转换的影响特点研究。

第七章

情绪信息转换研究的启发

本书的研究发现，情绪影响大学生的认知灵活性（任务转换）。不同情绪刺激进行转换时会产生“非对称效应”，正性刺激的转换代价较负性刺激的转换代价低。任务转换的“非对称效应”与情绪刺激的效价强度密切相关，表现为：效价相同时，高强度的负性刺激与正性刺激的转换过程出现“非对称效应”现象；效价不同时，只有负性刺激的转换任务反应时显著高于重复任务，表现出情绪信息相关的“非对称效应”。因此，为顺利完成情绪信息的任务转换，建立积极情绪，保持适当的情绪状态显得尤为重要。

第一节　改变不良的情绪调节方式

一　睡眠

实际调查中发现，大学生在面对情绪问题时，经常采用睡眠作为调节情绪的方式，认为不管问题有多大，睡一觉醒了就好了。这种以睡眠为主的调节方式可能会出现如下问题：

第一，大脑缺乏必要的刺激，难以维持觉醒状态，出现起床后注意力难以集中、反应迟钝、记忆力下降，焦虑、易怒等现象。1954 年，加拿大著名心理学家进行了“感觉剥夺”实验。实验过程中，被试需要戴上眼罩，以便隔绝视觉；戴上手套，脚上戴上夹板，以便隔绝触觉反应；被试需要戴上耳机，以便限制听觉；被试对实验内容签订知情同意书，完成实验每天会获得一定的实验报酬。被试在实验室待了一天后，出现紧张、焦虑、烦躁不安等情绪反应，伴随自言自语、唱歌等行为；继续进行实验后，被试会产生很多异常心理现象，如错觉、幻觉、注意力减退、反应迟钝等现象；即使研究者付给被试更高的实验报酬，也很少有被试能坚持实验72小时以上。以上现象，可能是因为人类大脑中的网状结构需要持续不断的刺激维持觉醒状态，一旦缺乏必要的刺激，大脑将难以维持情绪状态。

第二，睡眠习惯养成不良，出现失眠问题。临床心理学家认为，多数的睡眠问题都是心因性导致的睡眠障碍。当出现情绪问题时，很多大学生习惯躺在床上，期待通过睡眠解决情绪问题。但是当他们在床上时，却难以摆脱情绪问题的困扰，难以入睡。久而久之，部分同学会形成躺在床上难以入睡的习惯，而睡眠问题一旦形成，将难以改变。

综上所述，将睡眠作为情绪调节的方式非常不可取。

二　饮食

大学生活并不是想象中那么无忧无虑，许多学生从入校开始面临各种各样的挑战问题，如大一新生的人际适应（尤其寝室关系问题）、学习方式的转变问题，大二、大三常见的自我认识问题、考试挂科、英语四六级、计算机等级考试失败产生的抑郁、焦虑等情绪问题，大四面临的职业规划、择业选择、就业压力等问题。面对如此众多的生理、心理的巨大冲击，不少同学选择通过饮食来分散自己对消极情绪或消极事件的注意、记忆关注，且美其名曰“没有什么事情是一顿美食不能解决的，如果有，那就再来几顿”。研究发现，当个体处于疲劳无力、寂寞、无聊的消极状态时，往往挡不住美食的诱惑，对食物产生优先注意，随后伴随摄食量的增加，而当个体处于悲伤、抑郁等消极状态时，不会对食物产生注意偏向，摄食量会显著减少（Canetti et ál.，2002）。不可否认，某些食物，如蛋糕、甜品或辛辣食物的确可以在某种时刻、某种程度上转移对消极事情的关注，暂时性地缓解情绪。但是，这是一种治标不治本的方法，且可能造成严重的后果。如进食障碍引起的厌食症、体重过胖引起的自我形象认知偏差等问题（贺紫瑜，2019）。学生李某，目前就读大学四年级，刚刚经历考研失败、找工作面试失败的双重打击，出现中度抑郁、焦虑等负面情绪。鉴于平时就是一枚资深吃货，李某一旦觉得自己的未来没有希望，心情不愉快，就去对面某商场购买甜品、蛋糕、巧克力等零食，一顿忘乎所以的暴饮暴食之后，心情会慢慢地平静下来，变得轻松、愉快。由于长时间暴饮暴食，李某的体重上升，形体发生改变，这与她一直认为的“瘦即是美”的观念产生巨大冲突，产生负面身体自我概念。故此之后，每一次的暴饮暴食都伴随强烈的内疚、自责心理，加重了自身的负面情绪，发展到后来，暴饮暴食后，李某尝试各类方法进行人工催吐。“极力克制对食物的欲望—忍受不住食物的诱惑，暴饮暴食—人为催吐”这一恶性循环严重损害了李某的身心健康，长此以往，有演变成神经性厌食症的危险。因此，作为新时代的大学生，将饮食所谓调节情绪的方式非常危险。

第二节　辨别中性情绪调节方式

听音乐研究发现，音乐在一定程度上可以调节个体的情绪，听音乐可以让个体的心情变得愉快、悲伤、焦虑或愤怒。虽然音乐的调节效果与个体的音乐基础没有直接的关系，但个体的音乐欣赏能力越高，听音乐对个体的调节效果越明显。比如，当个体欣赏悲伤的音乐时，可能会产生悲伤的情绪。而欣赏明快的音乐时，可能产生轻松、愉快的情绪。因此，音乐作为调节情绪的治疗方法一定程度上能宣泄个体的不良情绪。但是，音乐作为一种调节方法在具体操作过程中需要慎重。例如，当个体处于悲伤状态时，基于音乐的

“知音”现象，个体会自发性地去选择与当前心境一致的音乐，“悲伤心境—听悲伤音乐—心情更悲伤……”这种恶性循环会导致个体更加沉浸在悲伤心境中难以自拔。因此，要充分发挥音乐的调节作用，需要克服音乐的“知音”现象，选择适当的音乐非常重要。

第三节　树立良好的情绪调节方式

一　改变不合理观念，建立合理认知观念

研究发现，大学生常见的不合理信念主要有：全或无的思想、过度概括化、糟糕至极、情绪推理、贴标签等。

全或无的思想是指个体在评价自己时，倾向于以一种极端、非黑即白的标准来评价自己。例如，小明是一名大四的毕业生，在毕业论文答辩中被答辩老师批评论文写得太烂，毕业论文需要修改后进行二次答辩。小明对此事非常伤心、难过，甚至吃不好、睡不好，完全不能投入论文的修改工作中，因为他认为毕业论文一辩失败，说明自己不具备顺利取得毕业证书、学位证书的能力，自己的整个大学生活是失败的。小明这种评价自己的方式是非常不符合现实、对自身是有害的。一件事情的失败并不意味着未来所有事件的失败。哪怕从哲学的角度讲，世界上的万事万物都是随时变幻的、一分为二的。世界上没有哪个地方是绝对的干净卫生、没有任何的灰尘和垃圾。同理，世界上没有哪个人是一直优秀、从不犯错，也没有哪个智商正常范围的人是一直愚蠢、任何事情都完不成的。因此，任何一个人都不可能是绝对优秀的或者绝对愚蠢、“一无是处”的。如果个体一直坚持用这种“全或无”的加工方式认识世界、他人和自己，他可能会经常处于抑郁、愤怒、悲伤等负面情绪状态中。由于大脑知觉到的现实与真实的现实是存在较大差异，甚至是相互矛盾的，个体可能会经常性地不信任世界、他人甚至是自己。关于出现这种“全或无”的加工方式的原因，大量研究者进行了有

益的探索，认为这可能与个体认识他人、认识世界以及认识自己的“完美主义”倾向有关（Khodabakhs & Kianif，2014；Shafran，Cooper & Fairburn，2002；O'Connor，Rasmussen，Hawton，2010；Egan，Wade，Shafran，2011；李锦花，2017）。

过分概括化是指以偏概全的不合理的思维方式，以这种加工思维的个体常常将“有时”“偶尔”“某些”“个别”发生的事件或出现的现象概括为“经常”“全部”“所有”。具有此类认知方式的个体在评价世界、他人、认识自我上，经常以某一次事件或某几次事件认定世界、他人、自我的总体价值。例如，具有这种以偏概全思维方式的同学小 A 刚刚进大学，没有及时改进自己的学习方式，大一期末考试出现挂科，会认为自己的大学生活过得一塌糊涂，自己是一个“一无是处”的同学，进而推论自己的人生是“毫无价值”的。这样的过度自我否定会产生抑郁、焦虑、无望等负面情绪。并且这种评价方式可能会迁怒到他人，比如，认为考试失败是老师考试的内容过于主观、不像高中有固定答案，甚至认为整个大学的课程培养模式存在问题，综合导致了自己的考试失败问题。这样的评价方式可能会导致愤怒、敌意、失落等消极情绪的产生。因此，要保持良好的积极情绪，需要克服过度概括化的认知加工方式，充分认识到“金无足赤，人无完人”，世界上的每个人都有表现不良、犯错误的可能，不要对世界、他人和自己过度苛求，全面认识周围的世界、他人和自我。

糟糕至极是指当一件事情发生后，个体将事情的后果推论为非常糟糕，自身不能承受，甚至是灾难化的。例如，李某是一位单身母亲，独自一人抚养儿子，日子过得很艰辛。最近一次期末考试，儿子考试成绩严重下滑，李某担心半年后儿子的中考，一直处于焦虑、抑郁状态中。咨询师询问后，发现她的担忧主要包括：儿子最近喜欢上一个女生，上课注意力不集中、迟到、早退、不听老师和家长的劝导，叛逆心比较强，长此以往，中考失利将不能顺利考入当地的重点高中，读不了重点高中，则上不了好的大学，儿子这辈子就废掉了。事实上，这样的逻辑存在很大的问题。首先，恋爱导致注意力不集中，考试成绩下降的概率并非百分之百。其次，青春期叛逆是很正常的现象，多数青少年都会顺利度过形成正确的自我认识，不一味听从家长和老师的训导，本身也是青少年逐渐成长、发展自我的过程，不应该直接认定反抗家长和老师就是百分之百的叛逆和不良表现。最后，一次的考试失利只能说明本次学习成绩下降，并不能完全据此认定孩子未来就成绩一直下降。事实上，适度的挫折可以锻炼孩子的心理承受能力，一次的考试失利亦可以成为提醒他认真学习的警示，在考试失利的打击下，孩子也可能学会更多地应对学习挫折的方法和能力。在此案例中，母亲存在这样的逻辑思维“早恋（A）=注意力下降、成绩下降=家长、老师批评引起青春期叛逆（B）=考试成绩持续下滑（C）=未来没有希望（D）”。这样的“A=B=C=D”的逻辑并不准确，每一个等号的两侧并不是百分之百的相等，因此，从 A 到 D 之间发生的概率极低。在这个案例中，李某夸大了某个单个事件（如 ABCD 事件）对整个人生的影响，好像一旦做不好其中一件事后，整个人生就毁了。事实上，整个事件对长久人生的影响并没有我们想象中那么严重。

二　分心

分心策略是情绪调节的重要策略之一，且情绪强度对分心策略的调节效果有影响。研究发现，在高情绪强度下，无论在早期的策略选择阶段，还是晚期的情绪调节阶段，分心策略都会引起更大程度的 LPP 波幅，事后对情绪唤醒度的报告也显示唤醒度降低更明显（Shafir，Thiruchselvam，Suri，Gross & Sheppes，2016；Shafir，Schwartz，Blechert & Sheppes，2015）。

分心策略的常见形式有定向分心策略和认知分心策略。定向分心策略是将注意力从当前的情绪刺激转换到新的任务中。认知分心策略是在面临情绪刺激时，有意识地转移注意力，产生与情绪刺激无关的中性或积极联想，此处的转移并不是要求被试直接完成情绪调节里的中性或积极联想，而是将注意力从当前情景转移到认知想法上（Macnamara et al.，2011；Thirachselvam et al.，2011；曹蜜，2012）。这种方法之所以有效，可能是由于人类的短时记忆容量是有限的，当我们人为转向新的任务或增加中性、积极联想时，剩余的认知资源有限，消极的负性情绪刺激的加工减少（VanDillen & Koole，2007；Baddeley，2003）。在标准实验条件下，分心任务常常是数字计算任务。实际应用中，大家可以选择自己感兴趣的书籍作为分心任务，也可以结合日记记录法，重新审视自己的情绪反应，对引起情绪反应的事件进行理性思考，调整负性想法为中性想法或积极联想。

三　保持运动

研究发现适度的体育运动可以缓解大学生的不良情绪如抑郁、焦虑、愤怒等（王飞英、倪钰飞、胡鹏，2018；田爱萍，2019）。合理的开展体育运动能够提高大学生的意志力和自信心，培养良好的人际关系，建立社会支持系统。因此，当大学生遭遇情绪问题时应该根据自身的身体健康状况、兴趣爱好，合理选择合适的体育锻炼方式如瑜伽、篮球、太极、羽毛球等，或者求助专业心理咨询师进行渐进式肌肉放松训练，以缓解过度紧张的情绪。

四　记下每天的不良想法

研究发现记录每日不良想法的方法对改善抑郁、焦虑、内疚等负面情绪非常有效。如小 A 是一名大一新生，好不容易通过努力考入心目中理想的大学。可是，在开学一个月后，小 A 并没有体验到理想中的开心和愉悦，反而面临了许多困惑的实情，出现了抑郁、焦虑等情绪。原来，小 A 去的大学在外省，同学也来自五湖四海，相互之间的生活习惯、价值观等存在诸多不一致的地方。小 A 作为外省人员，且第一次开启住校生涯，与寝室另外三个本省的同学的相处过程并不愉快，产生了不少摩擦。小 A 尝试记下每次的不良想法（见表 7 - 1）。结果发现，记录了不良想法后，他的情绪状况明显得到好转。

表 7－1　　克服不良想法的记录

具体情形	我非常希望与同学相处愉快，也做了很多的努力，但是他们都排挤我，不喜欢我，我的大学生活一团糟
情绪反应	极度悲伤、焦虑、抑郁
引起情绪反应的想法	1. 寝室同学与我“三观”不同，他们有意排挤我。我应该改变自己的“三观”，求得他们的认同。可是，我内心并不认同他们，这让我很难过。 2. 我太失败了，连这么简单的寝室问题都处理不了。 3. 为什么别人都能得到所有同学的喜欢，人际关系良好，而我却如此失败。 4. 父母对我那么好，我却连简单的人际关系都处理不好，我辜负了父母对我的期待。 5. 人际关系处理不好，我在大学将没有朋友，这会导致我整天处于悲伤、抑郁等负面情绪中，期末考试成绩肯定要挂科了。如此循环往复，可能毕业证、学位证都拿不到。读大学还有什么意义呢，不如退学算了
不良认知想法	1. 我人际不良的所有原因都是自身（归己化）。 2. 过度概括化。 3. 贴标签。 4. 糟糕至极的想法
理智反应	1. 我与寝室同学存在地域、文化、生活习惯等差异。这样的差异并不一定是不好的，我并不一定要改变自己的“三观”。 2. 寝室问题很可能只是由于大家不熟悉，等他们了解我之后，关系可能会缓解。即使真的没有缓解，也只说明我自己的适应时间要长一些，并不意味着我什么都做不好。 3. 希望所有人都喜欢自己的想法是不对的。别的同学也只是更外向一些，同学多一点，也没有达到所有人都喜欢的现状，这只是我的错觉。 4. 父母对我的期待的确很高，但他们更希望我快乐。即使我出现人际适应不良问题，父母还是会一如既往地爱我、鼓励我。 5. 人际关系处理不好，只是一时的现象，并不会过度累及我的学习，更何况，我可以通过各种方式慢慢处理好人际关系。处理好人际关系后，我本身的处事能力也得到提升，这也是大学的一种收获

五　付诸行动解决问题

前面的所有调节方法均是关于如何处理思想问题的，属于情绪指向调节方式。但是生活中可能会遇到很现实的、亟须解决的问题引起的情绪反应，此时应该采用问题指向的调节方式，直接付诸行动解决问题。文丽，30岁，是一个孩子的母亲。3年前，她和第一任丈夫离婚，最近刚刚再婚。她做事带有一点完美主义倾向，性格外向，待人热情，做事认真负责。但是，最近三年来，她经常情绪低落，对自己和生活缺乏信心，尤其是女儿的学习问题困扰良多。经过和咨询师的沟通后，文丽写了以下问题解决表（见表7－2）。经过4次心理咨询之后，文丽开始尝试和女儿沟通她的学习问题以及在学校的日常表现，比如，同女儿交谈，了解女儿是否真正在学习上遇到了解决不了的麻烦，是否需要大人提供帮助。通过交谈之后发现，女儿只是在某些个别学科上存在理解困难。因此，文丽特地制定了一个奖惩制度，同时多读一些亲子关系方面的书籍。经过一段时间之后，她们的亲子关系得到显著改善，女儿的学习成绩也稳步上升。

表7－2　问题解决表

下意识想法	合理想法	问题解决法
我不够关心我的女儿	我实际上花了很多时间陪女儿，只是我过度溺爱她了	合适的时候需要对女儿适度严厉，不能过度放纵
我应该和女儿共同完成她的家庭作业	女儿的家庭作业是她自己的事情，应该培养她独立完成的学习习惯。家长只是起辅助作用，不能过多包办	培养女儿写家庭作业的习惯。比如，可以从以下几个方面入手：第一，培养她检查作业的习惯；第二，坚持在固定的时间、固定的地点完成作业；第三，设计一个奖惩方案，鼓励和督促女儿认真完成

第八章

结　语

本书尝试从情绪效价和效价强度的角度对情绪信息转换的特点及机制展开研究，运用行为实验法和事件相关电位技术，发现情绪信息转换存在“非对称效应”，揭示了情绪信息转换“非对称效应”的产生条件——负性加工偏向是情绪信息转换“非对称效应”产生的必要条件，正负信息的效价强度差异是“非对称效应”产生的充分条件。对情绪信息转换“非对称效应”产生的脑电机制和抑制机制进行初步研究。并在此基础上提出情绪调节方式的改善方法。其主要结论如下：

第一，正性情绪刺激和负性情绪刺激之间的转换存在“非对称效应”。

第二，情绪效价一致的前提下，高低负性信息的情绪信息转换的重复任务反应时显著低于转换任务的反应时，产生转换代价，存在转换现象。但高低正性信息信息的情绪相关任务转换的重复任务反应时与转换任务反应时之间没有显著性差异，不存在转换现象。

第三，效价强度是情绪信息转换“非对称效应”充分条件。效价强度相同时，高负性信息与高正性信息之间的转换表现出情绪信息转换的“非对称效应”；效价强度不同时，负性信息的重复任务反应时明显低于转换任务，正性信息相关的任务不存在转换代价。转向负性信息的反应时明显高于转向正性信息的反应时，表现出情绪信息相关的“非对称效应”。

第四，效价强度不同时，随着早期注意加工过程（N170）能识别出转换任务和重复任务的差别，到信息加工晚期（P3）表现出对高强度信息的转换任务的平均波幅显著高于低强度信息的转换任务，出现情绪信息转换的“非对称效应”；效价强度相同时，随着早期注意加工 N170 成分上，高正性信息的转换任务 N170 波幅高于重复任务，在晚期，表现出对高负性信息的转换任务 P3 波幅低于重复任务，出现情绪信息转换的“非对称效应”。

第五，情绪信息转换“非对称效应”的产生是基于先前负性信息的干扰后效大于正性信息的干扰后效。

本书的研究结果发现，情绪信息转换中存在“非对称效应”，该效应产生的条件是负性加工偏向，对正负性信息的抑制差异是该效应的产生机制。该研究结果对揭示情绪与转换的关系，尤其是情绪信息转换的特点有重要的借鉴意义。同时，特殊人群如抑郁、焦虑个体均存在转换加工缺陷和负性加工偏向，因此，该结果为进一步揭示特殊人群是否存在对情绪信息的转换加工缺陷具有重要的理论意义。为现实生活中个体如何更快地完成多个不同的情绪任务提供了借鉴。例如，个体在面对不同效价强度的愉悦任务和厌恶任务时，为节省时间应如何安排愉悦任务和厌恶任务的顺序。但是，本书的研究还存在以下需要继续改进和完善的角度：

第一，本书未能对情绪信息转换“非对称效应”进行定位研究（如 fMRI），这使我们的讨论还不够全面，只涵盖了行为学以及 ERP 特点，未来研究可对该效应的时空连接进行系统研究。

第二，本书只考察正常个体的情绪信息转换“非对称效应”，未对个体差异进行研究，未来可对特殊人群，如存在负性信息加工偏向的抑郁个体、焦虑个体进行研究。

第三，本书改进研究范式排除了任务难度可能对情绪信息转换产生的影响，未来可对不同难度的情绪信息转换进行研究，探讨任务难度不同时，情绪信息转换是否还与物理认知转换中一样存在

“非对称效应”。

第四，本书中正性刺激呈现时间较长，这可能导致正性信息的效价强度变化被抹杀。未来可以考虑设置阈上刺激和阈下刺激两种不同的刺激呈现方式，考察正性信息的强度变化是否能引起“非对称效应”。

附　　录

一　研究用量表

问卷指导语：

尊敬的女士/先生：

您好，非常感谢您百忙之中抽出宝贵的时间参与我们的研究，本问卷是本人博士学位论文的一部分，主要是通过问卷测评评估您目前的情绪状态，如抑郁、焦虑情绪，以期为后续的行为实验和脑电研究提供部分排除数据。

本问卷填写的所有信息将严守保密协议，本问卷的所有数据仅用于本人的实验研究，不会泄露给第三方，更不会用于任何商业活动，敬请放心。

本问卷的所有题目的答案均没有对错之分，仅仅是您目前情况的反应。请您看到题目后，按照第一感觉真实填写，不用过度斟酌答案。完成本问卷的时间不能超过 8 分钟。您的认真填写将对我们的研究具有重要意义，感谢您的配合与理解。

问卷一：自评抑郁量表（SDS）

说明：这个问卷由 20 个题目组成，请仔细阅读每个题目并完全理解，然后选择最适合您现在的情况（最近一周，包括今天）的一项描述，并将那个数字圈出。

	偶尔	有时	经常	持续
1. 我感到情绪沮丧、郁闷。	1	2	3	4
2. 我感到早晨心情最好。	1	2	3	4
3. 我要哭或想哭。	1	2	3	4
4. 我夜间睡眠不好。	1	2	3	4
5. 我吃饭像平时一样多。	1	2	3	4
6. 我的性功能正常。	1	2	3	4
7. 我感到体重减轻。	1	2	3	4
8. 我为便秘烦恼。	1	2	3	4
9. 我的心跳比平时快。	1	2	3	4
10. 我无故感到疲劳。	1	2	3	4
11. 我的头脑像往常一样清楚。	1	2	3	4
12. 我做事情像平时一样不感到困难。	1	2	3	4
13. 我坐卧不安，难以保持平静。	1	2	3	4
14. 我对未来感到有希望。	1	2	3	4
15. 我比平时更容易激怒。	1	2	3	4
16. 我觉得决定什么事情很容易。	1	2	3	4
17. 我感到自己是有用的和不可缺少的人。	1	2	3	4
18. 我的生活很有意义。	1	2	3	4
19. 假若我死了别人会过得更好。	1	2	3	4
20. 我仍然喜爱自己平时喜爱的东西。	1	2	3	4

问卷二：Beck 问卷

（一）

0. 我不感到悲伤。

1. 我感到悲伤。

2. 我始终悲伤，不能自制。

3. 我太悲伤或不愉快，不堪忍受。

（二）

0. 我对将来并不失望。

1. 对未来我感到心灰意冷。

2. 我感到前景黯淡。

3. 我觉得将来毫无希望，无法改善。

（三）

0. 我没有感到失败。

1. 我觉得比一般人失败要多些。

2. 回首往事，我能看到的是很多次失败。

3. 我觉得我是一个完全失败的人。

（四）

0. 我从各种事件中得到很多满足。

1. 我不能从各种事件中感受到乐趣。

2. 我不能从各种事件中得到真正的满足。

3. 我对一切事情不满意或感到枯燥无味。

（五）

0. 我不感到有罪过。

1. 我在相当的时间里感到有罪过。

2. 我在大部分时间里觉得有罪。

3. 我在任何时候都觉得有罪。

（六）

0. 我没有觉得受到惩罚。

1. 我觉得可能会受到惩罚。

2. 我预料将受到惩罚。

3. 我觉得正受到惩罚。

（七）

0. 我对自己并不失望。

1. 我对自己感到失望。

2. 我讨厌自己。

3. 我恨自己。

（八）

0. 我觉得并不比其他人更不好。

1. 我要批判自己的弱点和错误。

2. 我在所有的时间里都责备自己的错误。

3. 我责备自己把所有的事情都弄坏了。

（九）

0. 我没有任何想弄死自己的想法。

1. 我有自杀想法，但我不会去做。

2. 我想自杀。

3. 如果有机会我就自杀。

（十）

0. 我哭泣与往常一样。

1. 我比往常哭得多。

2. 我现在一直要哭。

3. 我过去能哭，但现在要哭也哭不出来。

（十一）

0. 和过去相比，我现在生气并不更多。

1. 我现在比往常更容易生气发火。

2. 我觉得现在所有的时间都容易生气。

3. 过去使我生气的事，现在一点儿也不能使我生气了。

（十二）

0. 我对其他人没有失去兴趣。

1. 和过去相比，我对别人的兴趣减少了。

2. 我对别人的兴趣大部分失去了。

3. 我对别人的兴趣已全部丧失了。

（十三）

0. 我仍然像往常一样自己可以决定事情。

1. 我推迟做出决定比过去多了。
2. 我做决定比以前困难大得多。
3. 我再也不能做出决定了。

（十四）

0. 觉得我的外表看上去并不比过去更差。
1. 我担心自己看上去显得老了，没有吸引力。
2. 我觉得我的外貌有些变化，使我难看了。
3. 我相信我看起来很丑陋。

（十五）

0. 我工作和以前一样好。
1. 要着手做事，我现在需额外花些力气。
2. 无论做什么我必须努力催促自己才行。
3. 我什么工作也不能做了。

（十六）

0. 我睡觉与往常一样好。
1. 我睡眠不如过去好。
2. 我比往常早醒 1—2 小时，难以再睡。
3. 我比往常早醒几个小时，不能再睡。

（十七）

0. 我并不感到比往常更疲乏。
1. 我比过去更容易感到疲乏无力。
2. 几乎不管做什么，我都感到疲乏无力。
3. 我太疲乏无力，不能做任何事情。

（十八）

0. 我的食欲和往常一样。
1. 我的食欲不如过去好。
2. 我现在的食欲差得多了。
3. 我一点也没有食欲了。

（十九）

0. 最近我的体重并无很大减轻。

1. 我体重下降 2.27 千克以上。

2. 我体重下降 5.54 千克以上。

3. 我体重下降 7.81 千克以上。

（二十）

0. 我对健康状况并不比往常更担心。

1. 我担心身体上的问题，如疼痛、胃不适或便秘。

2. 我很担心身体问题，想别的事情很难。

3. 我对身体问题如此担忧，以致不能想其他任何事情。

（二十一）

0. 我没有发现自己对性的兴趣最近有什么变化。

1. 我对性的兴趣比过去降低了。

2. 我现在对性的兴趣大大下降。

3. 我对性的兴趣已经完全丧失。

问卷三：Zung 焦虑自评量表（SAS）

填表注意事项：下面有二十条文字，请仔细阅读每一条，把意思弄明白。然后根据您最近 1 周的实际情况在适当的方格里面画一个钩“√”。

	没有或很少有时间	少部分时间	相当多时间	绝大部分或全部时间部时间		工作人员评定
1. 我觉得比平常容易紧张和着急	□	□	□	□	1	□
2. 我无缘无故地感到害怕	□	□	□	□	2	□
3. 我容易心里烦乱或觉得惊恐	□	□	□	□	3	□
4. 我觉得我可能将要发疯	□	□	□	□	4	□
5. 我觉得一切都很好，也不会发生什么不幸	□	□	□	□	5	□

续表

填表注意事项：下面有二十条文字，请仔细阅读每一条，把意思弄明白。然后根据您最近1周的实际情况在适当的方格里面画一个钩“√”。						
	没有或很少有时间	少部分时间	相当多时间	绝大部分或全部时间部时间		工作人员评定
6. 我手脚发抖打战	□	□	□	□	6	□
7. 我因为头痛、头颈痛和背痛而苦恼	□	□	□	□	7	□
8. 我感觉容易衰弱和疲乏	□	□	□	□	8	□
9. 我觉得心平气和，并且容易安静坐着	□	□	□	□	9	□
10. 我觉得心跳得很快	□	□	□	□	10	□
11. 我因为一阵阵头晕而苦恼	□	□	□	□	11	□
12. 我有晕倒发作，或觉得要晕倒似的	□	□	□	□	12	□
13. 我吸气呼气都感到很容易	□	□	□	□	13	□
14. 我的手脚麻木和刺痛	□	□	□	□	14	□
15. 我因为胃痛和消化不良而苦恼	□	□	□	□	15	□
16. 我常常要小便	□	□	□	□	16	□
17. 我的手是干燥温暖的	□	□	□	□	17	□
18. 我脸红发热	□	□	□	□	18	□
19. 我容易入睡，并且一夜睡得很好	□	□	□	□	19	□
20. 我做噩梦	□	□	□	□	20	□

二　选取中科院情绪图片库材料

对中科院情绪图片库的图片重新命名，并采用1—9级评分重新校正后，从中选取以下图片作为ERP实验的补充材料。

图片名	效价	唤醒度	强度	图片名	效价	唤醒度	强度
f05	2. 21	4. 54	高负性	f84	4. 62	4. 92	低正性
f32	2. 23	4. 58	高负性	m72	5. 67	5. 35	低正性
f11	2. 24	4. 86	高负性	m107	5. 71	5. 32	低正性
f12	2. 42	5. 29	高负性	f68	5. 24	4. 94	低正性
f30	2. 42	4. 35	高负性	f55	5. 48	5. 08	低正性
f42	2. 43	5. 73	高负性	f70	5. 53	5. 06	低正性
f15	2. 53	5. 25	高负性	f82	5. 67	5. 38	低正性
f23	2. 54	4. 50	高负性	f69	5. 71	5. 38	低正性
f18	2. 67	4. 37	高负性	m99	5. 69	5. 18	低正性
f31	2. 71	4. 43	高负性	m97	4. 69	5. 00	低正性
m16	2. 46	5. 89	高负性	m98	5. 06	5. 18	低正性
m02	2. 51	4. 86	高负性	m66	5. 27	5. 30	低正性
m01	2. 55	5. 02	高负性	m62	5. 38	5. 36	低正性
m03	2. 57	5. 23	高负性	m104	5. 48	5. 47	低正性
m38	2. 62	6. 28	高负性	m95	5. 48	5. 18	低正性
m08	2. 63	5. 09	高负性	m68	5. 54	5. 56	低正性
m37	2. 63	5. 50	高负性	m77	5. 56	5. 29	低正性
m06	2. 67	4. 84	高负性	m108	5. 57	5. 00	低正性
m13	2. 33	5. 44	高负性	m82	5. 60	5. 45	低正性
m14	2. 38	5. 35	高负性	m64	5. 63	5. 35	低正性
f51	3. 77	4. 67	低负性	f101	6. 38	5. 36	高正性
f53	3. 54	4. 38	低负性	m89	6. 16	5. 44	高正性
f54	3. 89	4. 38	低负性	f58	6. 12	5. 41	高正性
m11	3. 73	5. 00	低负性	f93	6. 50	5. 07	高正性
m21	3. 74	4. 89	低负性	f97	6. 50	5. 20	高正性
m25	3. 72	4. 54	低负性	f103	6. 58	4. 92	高正性
m26	3. 63	5. 20	低负性	f94	6. 35	4. 87	高正性
m28	3. 64	4. 59	低负性	m87	6. 27	5. 27	高正性
m29	4. 06	5. 04	低负性	f108	6. 05	5. 06	高正性
m33	3. 74	4. 70	低负性	m86	6. 04	5. 13	高正性
m40	3. 67	4. 20	低负性	f62	6. 23	5. 44	高正性

续表

图片名	效价	唤醒度	强度	图片名	效价	唤醒度	强度
m45	3.81	4.04	低负性	f95	6.14	4.82	高正性
m47	4.13	4.19	低负性	f113	7.00	5.42	高正性
m48	4.13	4.07	低负性	f80	7.13	5.53	高正性
m49	3.85	4.11	低负性	m90	6.27	5.52	高正性
m50	3.87	4.00	低负性	f75	6.25	5.53	高正性
m53	4.09	4.72	低负性	m94	6.47	5.20	高正性
m54	3.71	5.00	低负性	f62	6.23	5.44	高正性
m55	3.54	5.02	低负性	f96	6.15	5.36	高正性
m56	3.67	5.07	低负性	f90	6.17	5.40	高正性

三　被试知情同意书

行为实验知情同意书

研究背景介绍：

您现在参加的是西南大学心理学部刘庆英博士学位论文的研究。本研究是为了探究人类个体在进行情绪信息相关的转换的特点，并探讨其转换过程中的产生机制。本次行为学实验共分为两个部分，每个部分大概用时20分钟，您符合被试的基本条件，特邀请您参与实验（具体完成哪一部分实验，需听从实验主试的安排）。

本次实验已通过伦理委员会的审核，研究小组将严格遵循赫尔辛基宣言和世界卫生组织与国际医学科学组织理事会共同制定的《涉及人的生物医学研究国际伦理准则》的原则，不会损害被试的切实利益。如果您同意参与研究，请认真阅读下面说明，如有不清楚的地方，请及时询问实验的主试人员：

1. 实验目的

本实验的第一部分主要是通过情绪相关信息转换，考察个体是否存在不同效价的情绪信息在转换时的转换代价不同，存在“非对称效应”。本实验的第二个部分主要通过效价强度，对情绪相关信息转换的影响揭示效价在“非对称效应”中是否起作用。

2. 研究过程和方法

被试由主试安排到第一部分的实验或第二部分的实验。在本研究中，计算机屏幕上将呈现一些面孔，您的任务是根据指导语对其进行学习和判断，并在键盘上作相应的按键反应。请您在主试的指导下进行实验。实验正式进行前都有练习程序，请在练习阶段熟悉实验要求和方法，反复练习，直至学会，方可进入正式实验程序。在实验中，您需要集中注意力完成测试任务。

3. 研究可能的受益

通过本次行为学实验可以探索您本人是否在情绪相关的信息转换中存在“非对称效应”，以及情绪效价的强度是否影响该“非对称效应”的产生。本研究得出的结论将对情绪信息转换的特点及机制的研究、未来探讨如何促进或减少个体的情绪信息转换代价的研究奠定理论基础，为某些特殊人群（如抑郁人群、焦虑人群）的致病特点或机制打下良好的理论基础，具有重要的社会价值。

4. 研究风险与不适

实验不会对您造成任何伤害，也不作为对您的心理评价。同时，您在实验的任何时候无须任何理由均可要求退出实验。

您的积极、认真的配合对保证实验结果的科学性非常重要，感谢您的支持与参与！如果您有与本研究相关的问题，或者在研究过程中发生了任何不适与损伤，或者关于本项研究参与者权益方面的问题，您可以与实验总负责人刘庆英取得联系。

5. 隐私问题

一方面，本研究工作人员将严守保密协议，您的任何个人信息和实验结果我们不会泄露给任何机构和个人（除非得到你的书面允许）。所有被试的研究结果我们会采用群体结果统一处理，因此，任何研究报告或专著、论文中都不会出现您的个人信息。为确保数据的真实性，请您务必填写真实信息。另一方面，有关本研究的任何信息，也请您遵守保密原则。

6. 费用和补偿

本研究结束后，研究者会给予您礼品作为报酬。在研究过程中，您产生任何的疑问或不适，都可以随时咨询研究人员。我们将保证实验对您不产生任何不良影响。

7. 自由退出

您对整个实验的任何部分均拥有知情同意权，且全程拥有自愿参与的权利。在实验过程中，您随时拥有退出实验的权利。同时，在实验过程中，如果您没有严格遵守研究计划，或者出现与实验有关的损伤，或者出现其他任何不可控的任何紧急情况，研究者也可以随时终止您参与的研究。

被试声明

我声明我已经被告知本研究的目的、过程、可能的危险和副作用以及潜在的获益，我的所有问题都得到满意的回答，我已经详细阅读了被试知情同意书。我下面的签名表明我愿意参加本研究。

签名：　　　　日期：

主试声明

我已经解释了研究的目的、研究的程序、潜在的危险和实验中的不舒适以及被试的权益，并尽最大可能回答了与研究有关的问题。

签名：　　　　日期：

脑电实验知情同意书

研究背景介绍：

您现在参加的是西南大学心理学部刘庆英博士学位论文的研究。

本研究通过脑电实验探究人类个体在进行情绪信息转换的“非对称效应”的认知神经机制，本次实验准备时间（问卷时间、洗头、打电极膏等）大概用时1小时，完成实验任务时间大概50分钟。

本次实验已通过伦理委员会的审核，研究小组将严格遵循赫尔辛基宣言和世界卫生组织与国际医学科学组织理事会共同制定的《涉及人的生物医学研究国际伦理准则》的原则，不会损害被试的切实利益。如果您同意参与研究，请认真阅读下面说明，如有不清楚的地方，请及时询问实验的主试人员：

1. 实验目的

本实验通过个体在完成情绪相关信息转换任务时记录头皮脑电，考察个体在完成情绪信息任务转换的“非对称效应”的特异性脑电成分。

2. 研究过程和方法

您来实验室后，先完成前期的实验准备（填写筛选问卷、洗头、打电极膏等）。实验开始后，您的任务是先完成练习任务，熟悉实验流程后，开始正式的脑电实验。练习任务时，电脑屏幕中呈现6000毫秒的实验指导语：“屏幕中间呈现‘十’字注视点，稍后将在‘十’字呈现的位置出现面孔图片，请仔细观察并在面孔图片呈现时或面孔图片呈现后，判断正（负）性面孔的性别，男性请按‘1’键，女性请按‘2’键”。为避免过多文字对被试造成认知负担，正式实验时指导语部分仅以“正性面孔的性别，男性按‘1’键，女性按‘2’键”或“负性面孔的性别，男性按‘1’键，女性按‘2’键”为指导语。指导语呈现1000毫秒之后，出现500毫秒“十”字注视点，然后呈现一张1000毫秒的情绪图片，之后呈现黑屏，黑屏的呈现时间为1000毫秒。如果被试在面孔图片呈现的1000毫秒内反应完成，则直接跳过1000毫秒的黑屏时间，进入500毫秒的反应—线索间隔时间。被试在面孔图片呈现和黑屏呈现时做出反应均视为有效反应。实验过程中，您需要集中注意力。除了休息时间，在正式的脑电实验过程中，请您尽量保持头不要动，眨眼不要过于频繁。如有感冒、咳嗽等症状，请提前告知研究者，我们将为您重新安排实验时间。

3. 研究可能的受益

通过本次情绪信息转换任务的 ERP 脑电实验，可以探索情绪信息转换中的“非对称效应”的神经基础，考察个体是否存在特异性的 ERP 成分。

一方面，通过本次脑电实验可以探索您本人是否在情绪相关的信息转换中存在“非对称效应”，不同效价情绪信息转换的神经基础。另一方面，本研究得出的结论将对情绪相关信息转换的特点及机制的研究、未来探讨如何促进或减少个体的情绪信息转换代价的研究奠定理论基础，为探索某些特殊人群（如抑郁人群、焦虑人群）的致病特点或机制打下良好的理论基础，具有重要的社会价值。

4. 研究风险与不适

本研究小组承诺本实验不会对您造成任何伤害，也不作为对您的心理评价。同时，您在实验的任何时候无须任何理由均可要求退出实验。

您的积极、认真的配合对保证试验结果的科学性非常重要，感谢您的支持与参与！如果您有与本研究相关的问题，或者在研究过程中发生了任何不适与损伤，或者关于本项研究参与者权益方面的问题，您可以与实验总负责人刘庆英取得联系。

5. 隐私问题

一方面，本研究工作人员将严守保密协议，您的任何个人信息和实验结果我们不会泄露给任何机构和个人（除非得到你的书面允许）。所有被试的研究结果我们会采用群体结果统一处理，因此，任何研究报告或专著、论文中都不会出现您的个人信息。为确保数据的真实性，请您务必填写真实信息。另一方面，有关本研究的任何信息，也请您遵守保密原则。

6. 费用和补偿

本研究结束后，研究者会给予您50元人民币作为报酬。在研究过程中，您产生任何的疑问或不适，都可以随时咨询研究人员。我们将保证实验对您不产生任何不良影响。

7. 自由退出

您对整个实验的任何部分均拥有知情同意权，且全程拥有自愿参与的权利。在实验过程中，您随时拥有退出实验的权利。同时，在实验过程中，如果您没有严格遵守研究计划，或者出现与实验有关的损伤，或者出现其他任何不可控的任何紧急情况，研究者也可以随时终止您参与的研究。

被试声明

我声明我已经被告知本研究的目的、过程、可能的危险和副作用以及潜在的获益，我的所有问题都得到满意的回答，我已经详细阅读了被试知情同意书。我下面的签名表明我愿意参加本研究。

签名：　　　　日期：

主试声明

我已经解释了研究的目的、研究的程序、潜在的危险和实验中的不舒适以及被试的权益，并尽最大可能回答了与研究有关的问题。

签名：　　　　日期：

参考文献

白露、马慧、罗跃嘉：《中国情绪图片系统的编制——在 46 名中国大学生中的试用》，《中国心理卫生杂志》2005 年第 11 期。

蔡秀艺：《关于音乐疗法对中学生情绪调节的干预探讨》，《当代教研论丛》2019 年第 7 期。

曹蜜：《分心和认知重评对中学生负性情绪调节作用的比较》，硕士学位论文，天津师范大学，2012 年。

戴琴：《抑郁个体对情绪刺激负性注意偏向的抑制特点及 ERP 研究》，硕士学位论文，第三军医大学，2008 年。

贺紫瑜：《情绪诱导条件下不同 BMI 个体对食物线索注意偏向影响的研究》，硕士学位论文，湖南师范大学，2019 年。

黄塞：《抑郁症状个体转换功能受损的行为学及 ERP 研究》，硕士学位论文，第三军医大学，2010 年。

蒋长好、赵仑、郭德俊等：《面孔加工的情绪效应和效价效应》，《中国临床心理学杂志》2008 年第 3 期。

李锦花：《理性情绪行为疗法在情绪管理小组中的应用研究——以深圳市 T 医院孕产期女性情绪管理小组活动为例》，硕士学位论文，江西师范大学，2017 年。

刘亚、王振宏：《情绪 Stroop 效应与 Stroop 效应的关系》，《心理科学》2011 年第 4 期。

罗增让、宇文霄：《高中生完美主义、状态焦虑与饮食障碍的关系》，《职业与健康》2019 年第 13 期。

石慧、赵仑、罗跃嘉等：《情绪刺激转换对注意转换代价影响的

ERP 研究》，《航天医学与医学工程》2005 年第 3 期。

田爱萍：《运动处方对贫困大学生抑郁情绪的干预作用》，《智库时代》2019 年第 1 期。

王飞英、倪钰飞、胡鹏：《运动干预对 258 例中老年患者焦虑抑郁情绪改善的影响分析》，《中国处方药》2018 年第 12 期。

王妍、罗跃嘉：《面孔表情加工的事件相关电位研究》，《中国临床心理学杂志》2004 年第 4 期。

王艳梅：《积极情绪对任务转换的影响》，博士学位论文，首都师范大学，2006 年。

辛勇、李红、袁加锦：《负性情绪干扰行为抑制控制：一项事件相关电位研究》，《心理学报》2010 年第 3 期。

袁加锦：《情绪效价强度效应及神经机制研究》，博士学位论文，西南大学，2009 年。

张丹丹：《Stroop 启动和负启动对情绪 Stroop 效应影响的实验研究》，硕士学位论文，贵州师范大学，2015 年。

Algom D. , Chajut E. and Lev S. , "A Ratiollal Look at the Emotional Stroop Phenonmenon: A Generic Slowdown, Not a Stroop Effect", *Journal of Experimental Psychology*: *General*, 2004, Vol. 133, No. 3, 323 – 338.

Amin Z. , Constable R. T. , Canli T. H. , "Attentional Bias for Valenced Stimuli as a Function of Personality in the Dot – probe Task", *Journal of Research in Personality*, 2004, Vol. 38, No. 1, 15 – 23.

Baddeley A. , "Working Memory: Looking Back and Looking Forward", *Nature Review Neuroscience*, 2003, Vol. 4, No. 10, 829 – 839.

Barcelo F. , "The Madrid Card Sorting Test (MCST): A Task Switching Paradigm to Study Executive Attention with Event – related Potentials", *Brain Research Protocols*, 2003, No. 11, 27 – 37.

Beck A. T. , *Depression*: *Clinical*, *Experimental*, *and Theoretical Aspects*, New York: Harper & Row, 1967.

Beck A. T. , Ward C. H. , Mendelson M. , Mock J. , Erbaugh J. , "An Inventory for Measuring Depression", *Archives of General Psychiatry*, 1961, No. 4, 561 –571.

Beck A. T. , "The Evolution of the Cognitive Model of Depression and its Neurobiological Correlates", *The American Journal of Psychiatry*, 2008, Vol. 165, No. 8, 969 –977.

Bench C. J. , Frith C. D. , Grasby P. M. , Friston K. J. , Paulesu E. , Frackowiak R. S. J. , Dolan R. J. , "Investigation of the Functional Anatomy of Attention Using the Stroop Test", *Neuropsychologia*, 1993, Vol. 31, No. 9, 907 –922.

Bernat E. , Bunce S. , Shevrin H. , "Event – related Brain Potentials Differentiate Positive and Negative Mood Adjectives during Both Supraliminal and Subliminal Visual Processing", *International Journal of Psychophysiology*, 2001, Vol. 42, No. 1, 11 – 34.

Block J. , Block J. H. , The Role of Ego – control and Ego – resiliency in the Organization of Behavior, In W. A. Collins (ed.), *Minnesota Symposium on Child Psychology*, *Hillsdale*, NJ: Erlbaum, 1980, pp. 39 –101.

Brouillet T. , Ferrier L. P. , Grosselin A. , Brouillet D. , "Action Compatibility Effects are Hedonically Marked and Have Incidental Consequences on Affective Judgment", *Emotion*, 2011, Vol. 11, No. 5, 1202 –1205.

Cacioppo J. T. , Gardner W. L. , Berntson G. G. , "The Affect System has parallel and Integrative Processing Components: Form Follows Function", *Journal of Personality and Social Psychology*, 1999, Vol. 76, No. 5, 839 –855.

Campanella S. , Gaspard C. , Debatisse D. , Bruyer R. , Crommelinck M. , Guerit J. M. , "Discrimination of Emotional Facial Expressions in a Visual Oddball Task: An ERP Study", *Biological Psychology*,

2002, Vol. 59, No. 3, 171 – 186.

Canetti L., Bachar E., Berry E. M., "Food and Emotion", *Behavioural Processes*, 2002 (60): 157 – 164.

Caravan H., "Serial Attention within Working Memory", *Memory & Cognition*, 1998, Vol. 26, No. 2, 263 – 276.

Carreti E. L., Mercado F., Tapia M., "Emotion, Attention and the 'Negativity Bias', Studied Through Event – related Potentials", *International Journal of Psychophysiology*, 2001, Vol. 41, No. 1, 75 – 85.

Carretié L., Hinojosa J. A., Martín - Loeches M., Mercado F., Tapia M., "Automatic Attention to Emotional Stimuli: Neural Correlates", *Hum. Brain Mapp*, 2004, Vol. 22, No. 4, 290 – 299.

Caseley – Rondi G., Genar M., Segal Z., "Depressive Deficits and Bias: A Direct Comparison of Two Implicit Measures of Memory", *Clinical Psychology and Psychotherapy*, 2001, Vol. 8, No. 1, 41 – 48.

Channon S., "Executive Function in Depression: The Wisconsin Card Sorting Test", *Journal of Affective Disorders*, 1996 (39): 107 – 114.

Clore G. L., Gasper K., "Feeling Is Believing: Some Cognitive Consequences of Affect", In N. Frijda, T. Manstead, S. Bern (eds.), *Emotions and Beliefs*, New York: Cambridge University Press, 2000, pp. 10 – 44.

Cohen S., Doyle W. J., Turner R. B., Alper C. M., Skoner D. P., "Emotional Style and Susceptibility to The Common Cold", *Psychosomatic Medicine*, 2003, Vol. 65, No. 4, 652 – 657.

Connor K. M., Davidson J. R. T., "Development of a New Resilience Scale: The Connor – Davidson Resilience Scale (CD – RISC)", *Depression and Anxiety*, 2003 (18): 76 – 82.

Costa A. , Santesteban M. , "Lexical Access in Bilingual Speech Production Evidence from Language Switching in Highly Proficient Bilinguals and L2 Learners", *Journal of Memory and Language*, 2004, Vol. 50, No. 4, 491 - 511.

Costa P. T. , McCrae R. R. , "NEO Five - Factor Inventory (NEO - FFI) Professional Manual", *Odessa, FL: Psychological Assessment Resources*, 1992.

Damasio A. R. , Anderson S. W. , "The frontal lobes", In K. M. Heilman, E. Valenstein (eds.), *Clinical Neuropsychology* . New York: Oxford University Press, 2003, 4th ed. , pp. 404 - 446.

Danner D. D. , Snowdon D. A. , Friesen W. V. , "Positive Affect in Early Life and Longevity: Findings from the Nun Study", *Journal of Personality and Social Psychology*, 2001, Vol. 80, No. 5, 804 - 813.

Debener S. , Ullsperger M. , Siegel M. , Fiehler K. , von Cramon D. Y. , Engel A. K. , "Trial - by - trial Coupling of Concurrent Electroencephalogram and Functional Magnetic Resonance Imaging Identifies the Dynamics of Performance Monitoring", *Journal of Neuroscience*, 2005, Vol. 25, No. 50, 11730 - 11737.

Deveney C. M. , Deldin P. J. , "A Preliminary Investigation of Cognitive Flexibility for Emotional Information in Major Depressive Disorder and Non - psychiatric Controls", *Emotion*, 2006, Vol. 6, No. 3, 429 - 437.

Donkers F. C. L. , van Boxtel G. J. M. , "The N2 in Go/no - go Tasks Reflects Conflict Monitoring not Response Inhibition", *Brain and Cognition*, 2004, Vol. 56, No. 2, 165 - 176.

Dove A. , Pollmann S. , Schubert T. , Wiggins C. J. , Cramon D. Y. , "Prefrontal Cortex Activation in Task Switching: an Event - related FMRI Study", *Cognitive Brain Research*, 2000 (9): 103 - 109.

Dreisbach G. , Fischer R. , "Conflicts as Aversive Signal", *Brain and*

Cognition, 2012, Vol. 78, No. 2, 94 – 98.

Dreisbach G., Goschke T., "How Positive Affect Modulates Cognitive Control: Reduced Perseveration at the Cost of Increased Distractibility", *Journal of Experimental Psychology: Learning, Memory, and Cognition*, 2004, Vol. 30, No. 2, 343 – 353.

Egan S. J., Wade T. D., Shafran R., "Perfectionism as a Transdiagnostic Process: a Clinical Review", *Clin Psychol Rev*, Vol. 31, No. 2, 203 – 212.

Eysenck M. W., Derakshan N., Santos R., Calvo M. G., "Anxiety and Cognitive Performance: Attentional Control Theory", *Emotion*, 2007, Vol. 7, No. 2, 336.

Fazio R. H., "On the Automatic Activation of Associated Evaluations: An Overview", *Cognition & Emotion*, 2001, Vol. 15, No. 2, 115 – 141.

Feng W., Luo W., Liao Y., Wang N., Gan T., Luo Y., "Human Brain Responsivity to Different Intensities of Masked Fearful Eye Whites: An ERP Study", *Brain Research*, 1286: 147 – 157.

Fiedler K., "Affective States Trigger Processes of Assimilation and Accommodation", In L. L. Martin, G. L. Clore (Eds.), *Theories of Mood and Cognition: Auser's Guide.* Mahwah, NJ: Erlbaum, 2001, pp. 85 – 98.

Finkbeiner M., Almeida J., Janssen N., Caramazza A., "Lexical Selection in Bilingual Speech Production Does Not Involve Language Suppression", *Journal of Experimental Psychology: Learning, Memory, and Cognition*, 2006, Vol. 32, No. 5, 1075 – 1089.

Fletcher D., Sarkar M., "Psychological Resilience: A Review and Critique of Definitions, Concepts, and Theory", *European Psychologist*, 2013, Vol. 18, No. 1, 12 – 23.

Forgas J. P., "Feeling and Doing: Affective In? uences on Interpersonal

Behavior", *Psychological Inquiry*, 2002, Vol. 13, No. 1, 1 – 28.

Fredrickson B. L., Branigan C., "Positive Emotion Broaden the Scope of Attention and Thout – action Repertores", *Congnition and Emotion*, 2005, Vol. 19, No. 3, 313 – 332.

Fredrickson B. L., Branigan C., "Positive Emotions Broaden the Scope of Attention and Thought – action Repertoires", *Cogn. Emot*, 2005, Vol. 19, No. 3, 313 – 332.

Fredrickson B. L., "The Role of Positive Emotions in Positive Psychology", *American Psychologist*, 2001, Vol. 56, No. 3, 218 – 226.

Fredrickson B. L., "The Value of Positive Emotions", *American Scientist*, 2003, Vol. 91, No. 4, 330 – 335.

Fredrickson B. L., "What Good are Positive Emotions?", *Review of General Psychology*, 1998, Vol. 2, No. 3, 300 – 319.

Fritz J., Dreisbach G., "Conflicts as Aversive Aignals: Conflict Priming Increases Negative Judgments for Neutral Stimuli", *Cognitive, Affective & Behavioral Neuroscience*, 2013 (13): 311 – 317.

Gade M., Schuch S., Druey M., Koch I., "Inhibitory Control in Task Switching", In J. A. Grange, G. Houghton (eds.), *Task Switching and Cognitive Control*, New York: Oxford University Press, 2014, pp. 137 – 159.

Gasper K., "When Necessity Is the Mother of Invention: Mood and Problem Solving", *Journal of Experimental Social Psychology*, 2003, Vol. 39, No. 3, 248 – 262.

Genet J. J., Malooly A. M., Siemer M., "Flexibility Is Not Always Adaptive: Affective Flexibility and Inflexibility Predict Rumination Use in Everyday Life", *Cognition and Emotion*, 2013, Vol. 27, No. 4, 685 – 695.

Goldstein A. K., Spencer M., Donchin E., "The Influence of Stimulus Deviance and Novelty on the P300 and Novelty P3", *Psychophysiolo-*

gy, 2002 (39): 781 – 790.

Goschke T. , "Intentional Reconfiguration and Involuntary Persistence in Task Set Switching", In S. Monsell & J. S. Driver (eds.), *Control of Cognitive Processes: Attention and Performance* XVIII. Cambridge, MA: MIT Press, 2000, pp. 331 – 355.

Grange, J. A. , Houghton G. , "Heightened Conflict in Cue – target Translation Increase Backward Inhibition in Set Switching", *Journal of Experimental Psychology: Learning, Memory, and Cognition*, 2010, Vol. 36, No. 4, 1003 – 1009.

Gray K. M. , Tonge B. J. , Sweeney D. J. , "Using the Autism Diagnostic Interview – revised and the Autism Diagnostic Observation Schedule with Young Children with Developmental Delay: Evaluating Diagnostic Validity", *Journal of Autism and Developmental Disorders*, 2008, Vol. 38, No. 4, 657 – 667.

Gross J. J. (ed.). *Handbook of Emotion Regulation*, New York, NY: Guilford Press, 2007.

Hariri A. R. , Tessitore A. , Mattay V. S. , Fera F. , Weinberger D R. "The Amygdala Response to Emotional Stimuli: a Comparison of Faces and Scenes", *NeuroImage*, 2002, Vol. 17, No. 1, 317 – 323.

Hill E. L. , "Evaluation the Theory of Executive Dysfunction in Autism", *Developmental Review*, 2004, Vol. 24, No. 2, 189 – 223.

Hirt E. R. , Devers E. E. , McCrea S. M. , "I Want to be Creative: Exploring the Role of Hedonic Contingency Theory in the Positive Mood – cognitive Flexibility Link", *Journal of Personality and Social Psychology*, 2008, Vol. 94, No. 2, 213 – 230.

hman A. , Mineka S. , "Fears, Phobias, and Preparedness: Toward an Evolved Module of Fear and Fear Learning", *Psychol Rev*, 2010, Vol. 108, No. 3, 483.

Hofer A., Siedentopf C. M., Ischebeck A., Rettenbacher M. A., Verius M, Felber S, Fleischhacker W W, "Gender Differences in Regional Cerebral Activity During the Perception of Emotion: A Functional MRI Study", *NeuroImage*, 2006, Vol. 32, No. 2, 854 – 862.

Hsieh S., Lin S. J., "The Dissociable Effects of Induced Positive and Negative Moods on Cognitive Flexibility", *Scientific Reports*, 2019, Vol. 9, No. 1, 1126.

Huang Y. X., Luo, Y. J., "Temporal Course of Emotional Negativity Bias: An ERP Study", *Neuroscience Letters*, 2006 (398): 91 – 96.

Huang Y. X., Luo Y. J., "Emotion – related ERP Components and Their Variety in Mood Disorder", *Advances in Psychological Science*, 2004, Vol. 12, No. 1, 10 – 17.

Inaba M., Nomura M., Ohira H., "Neural Evidence of Effects of Emotional Valence on Word Recognition", *International Journal of Psychophysiology*, 2005, Vol. 57, No. 3, 165 – 173.

Johnson D. R., "Attentional Control Capacity for Emotion: An Individual difference Measure of Internal Controlled Attention", *Cognition and Emotion*, 2009a, Vol. 23, No. 8, 1516 – 1536.

Johnson D. R., "Emotional Attention Set – shifting and Its Relationship to Anxiety and Emotion Regulation", *Emotion*, 2009b (9): 681 – 690.

Jost K., Mayr U., Rösler F., "Is Task Switching Nothing but Cue Priming? Evidence from ERPs", *Cognitive, Affective & Behavioral Neuroscience*, 2008, Vol. 8, No. 1, 74 – 84.

Kanske P., Kotz S. A., "Positive Emotion Speeds Up Confict Processing: ERP Responses in an Auditory Simon Task", *Biol, Psychol*, 2011, Vol. 87, No. 1, 122 – 127.

Karayanidis F., Coltheart M., Michie P. T., Murphy K., "Electrophysiological Correlates of Anticipatory and Poststimulus Components of Task Switching", *Psychophysiology*, 2003, Vol. 40, No. 3, 329 – 348.

Kashdan T. B., Rottenberg J., "Psychological Flexibility as a Fundamental Aspect of Health", *Clinical Psychology Review*, 2010, Vol. 30, No. 7, 865 – 878.

Kawasaki S., Tanaka J., Wang H., Hokama H., Hiramatsu, K., "Abnormalities of P300 Cortical Current Density in Unmedicated Depressed Patients Revealed by LORETA Analysis of Event – related Potentials", *Psychiatry and Clinical Neurosciences*, 2004, Vol. 58, No. 1, 68 – 75.

Kieffaber P. D., Hetrick W. P., "Event – related Potential Correlates of Task Switching and Switch Costs", *Psychophysiology*, 2005, Vol. 42, No. 1, 56 – 71.

Kiesel A., Steinhauser M., "Control and Interference in Task Switching – A Review", *Psychological Bulletin*, 2010, Vol. 136, No. 5, 849 – 874.

Koch I., Philipp A. M., "Effects of Response Selection on the Task – repetition Benefit in Task Switching—A Review", *Memory & Cognition*, 2005, Vol. 33, No. 4, 624 – 634.

Koch I., Poljac E., Müller H., Kiesel A., "Cognitive Structure, Flexibility, and Plasticity in Human Multitasking – an Integrative Review of Dual – task and Task – switching Research", *Psychological Bulletin*, 2018 (144): 557 – 583.

Kringelbach M. L., Rolls E. T., "Neural Correlates of Rapid Reversal Learning in a Simple Model of Human Social Interaction", *NeuroImage*, 2003 (20): 1371 – 1383.

Krompinger J. W., Simons R. F., "Electrophysiological Indicators of Emotion Processing Biases in Depressed Undergraduates", *Biological*

Psychology, 2009 (81): 153 - 163.

Lang A. J., Craske M. G., "Information Processing in Anxiety and Depression", *Behavior Research and Therapy*, 1997, Vol. 35, No. 5, 451 - 455.

Lavric A., Mizon G. A., Mosell S., "Neurophysiological Signature of Effective Anticipatory Task - set Control: A Task - switching Investigation", *European Journal of Neuroscience*, 2008, Vol. 28, No. 5, 1016 - 1029.

Lazarus R. S., "From Psychological Stress to the Emotions: A History of Changing Outlooks", *Annual Review of Psychology*, 1993, Vol. 44, No. 1, 1 - 21.

LeDoux J., *The Emotional Brain*, New York: Simon & Schuster, 1996.

Leipold B., Greve W., "Resilience: A Conceptual Bridge Between Coping and Development", *European Psychologist*, 2009 (14): 40 - 50.

Leleua A., Caharel S., Carréa J., "Perceptual Interactions Between Visual Processing of Facial Familiarity and Emotional Expression: An Event - related Potentials Study During Task - switching", *Neuroscience Letters*, 2010, Vol. 482, No. 2, 106 - 111.

Leppänen J. M., Kauppinen P., Peltola M. J., Hietanen J. K., "Differential Electrocortical Responses to Increasing Intensities of Fearful and Happy Emotional Expressions", *Brain Res*, 2007, Vol. 1166, No. 29, 103 - 109.

Lewis P. A., Critchley H. D., "Smith AP. Brain mechanisms for mood congruent memory facilitation", *Neuroimage*, 2005 (25): 1214 - 1223.

Li X. Y., Li X. B., Luo Y. J., "Anxiety and Attentional Bias for Threat: An Event - related Potential Study", *Neuroreport*, 2005, Vol. 16, No. 13, 8.

Liefooghe B., "The Contribution of Task – choice Response Selection to the Switch Cost in Voluntary Task Switching", *Acta Psychologica*, 2017, Vol. 178, 32 – 40.

Lihong Wang, LaBar K. S., Smoski M., Rosenthal M. Z., Dolcos F., Thomas R., Lynch T. R., Krishnan R. R., McCarthy G., "Prefrontal Mechanisms for Executive Control Over Emotional Distraction are Altered in Major Depression", *Psychiatry Research: Neuroimaging*, 2008, Vol. 163, No. 2, 143 – 155.

Lo B C. Y., Allen A. B., "Affective Bias in Internal Attention Shifting Among Depressed Youth", *Psychiatry Research*, 2011 (187): 125 – 129.

Luck S. J., "An Introduction to the Event – Related Potential Technique", *Simplified Chinese Translation Copyright* (2009), East China Normal University Press, 2005, pp. 107 – 108.

Luthar S. S., Cicchetti D., Becker B., "The Construct of Resilience: A Critical Evaluation and Guidelines for Future Work", *Child Development*, 2000, Vol. 71, No. 3, 543 – 562.

MacNamara A., Ferri J., Hajcak G., "Working Memory Load Reduces the Late Positive Potential and This Effect is Attenuated with Increasing Anxiety", *Cognitive, Affective & Behavioral Neuroscience*, 2009, Vol. 11, No. 3, 321 – 331.

Malooly A. M., Genet J. J., Siemer M., "Individual Differences in Reappraisal Effectiveness: The Role of Affective Flexibility", *Emotion*, 2013 (13): 302 – 313.

Mayr U., Keele S. W., "Changing internal constraints on action: The role of backward inhibition", *Journal of Experimental Psychology: General*, 2000, Vol. 129, No. 1, 4 – 26.

Mecklinger A., Cramon D. Y., Springer A., "Executive Control Functions in Task Switching: Evidence from Brain Injured Patients", *Neu-*

ropsychol, 1999, Vol. 21, No. 5, 606 –619.

Meiran N. , "Reconfiguration of Processing Mode Prior to Task Performance", *Journal of Experimental Psychology: Learning, Memory, and Cognition*, 1996, Vol. 22, No. 6, 1423 – 1442.

Milovchevich D. , Howells K. , Drew N. , Day A. , "Sex and Gender Role Differences in Anger: An Australian Community Study", *Personality and Individual Differences*, 2001, Vol. 31, No. 2, 117 – 127.

Mitchell R. L. C. , "The BOLD Response During Stroop Task – like Inhibition Paradigms: Effects of Task Difficulty and Task – relevant Modality", *Brain and Cognition*, 2005, Vol. 59, No. 1, 23 –37.

Monsell S. , Mizon G. A. , "Can the Task – cuing Paradigm Measure an Endogenous Task – set Reconfiguration Process?", *Journal of Experimental Psychology: Human Perception and Performance*, 2006, Vol. 32, No. 3, 493 –516.

Monsell S. , "Task Switching", *Trends in Cognitive Science*, 2003, Vol. 7, No. 3, 134 – 140.

Montagne B. , Kessel, R. P. C. , Frigerio E. , Haan E. , de H. F. , Perrett D. I. , "Sex Differences in the Perception of Affective Facial Expressions: Do Men Really Lack Emotional Sensitivity?", *Cognitive Process*, 2005 (6): 136 – 141.

Montalana B. , Caharel S. , Personnazb B. , Dantec C. L. , Germainb R. , Bernarda C. , Lalonde R. , Rebaï M. , "Sensitivity of N170 and Late Positive Components to Social Categorization and Emotional Valence", *Brain Research*, 2008 (1233): 120 – 128.

Moritz F. , Glascher J. , Brassen F. , "Investigation of Mood – congrugent False and True Memory Recognition in Depression", *Depression and Anxiety*, 2005, Vol. 21, No. 1, 9 – 17.

Moulden D. J. A. , Picton T. W. , Meiran N et al. , "Event – related Potentials for Switching Between Attention Task - sets", *Brain and Cognition*, 1998 (37): 144 - 201.

Nicholson R., Karayanidis F., Bumak E, Poboka D, Michie P T, "ERPs Dissociate the Effects of Switching Task Sets and Task Cues", *Brain Reasearch*, 2006 (1095): 107 - 123.

Nicholson R., Karayanidis F., Davies A et al., "Components of Task - set Reconfiguration: Differential Effect of 'Switch - to' and 'Switch - away' Cues", *Brain Res*, 2006, Vol. 1121, No. 1, 160 - 176.

Nicholson R., Karayanidis F., Poboka D et al., "Electrophysiological Correlates of Anticipatory Task - switching Processes", *Psychophysiology*, 2005, Vol. 42, No. 5, 540 - 554.

O'Connor R. C., Rasmussen S., Hawton K., "Predicting Depression, Anxiety and Self - harm in Adolescents: The Role of Perfectionism and Acute Life Stress", *Behav Res Ther*, 2010, Vol. 48, No. 1, 52 - 59.

Paulitzki J. R., Risko E. F., Oakman J. M., Stolz J. A., "Doing the Unpleasant: How the Emotional Nature of a Threat - relevant Task Affects Task - switching", *Personality and Individual Differences*, 2008, Vol. 45, No. 5, 350 - 355.

Peetrsen S., Fox P., Ponse M., Mintun M., "Positron Emission of the Cortical Anatomy of Single - word Processing", *Nature*, 1988: 331.

Qu L., Zelazo P. D., "The Facilitative Effect of Positive Stimuli on 3 - year - olds' Flexible Rule Use", *Cognitive Development*, 2007, Vol. 22, No. 4, 456 - 473.

Ramel W., Goldin P. R., Eyler L. T. et al., "Amygdala Reactivity and Mood - Congruent Memory in Individuals at Risk for Depressive Relapse", *Biol Psychiatry*, 2007, Vol. 61, No. 2, 231 - 239.

Remijnse P. L., Nielen M. M. A., Uylings H. B. M., Veltman D. J., "Neural Correlates of a Reversal Learning Task with an Affectively

Nneutral Baseline: An Event – related fMRI Study", *NeuroImage*, 2005 (26): 609 –618.

Robinson O. J., Frank M. J., Sahakian B. J., Cools R., "Dissociable Responses to Punishment Indistinct Striatal Regions During Reversal Learning", *NeuroImage*, 2010 (51): 1459 –1467.

Rogers R. D., Monsell S., "Costs of a Predictable Switch between Simple Cognitive Tasks", *Journal of Experimental Psychology: General*, 1995 (124): 207 –231.

Rushworth M. F. S., Passingham R. E., Nobre A. C., "Components of Attentional Set – switching", *Experimental Psychology*, 2005, Vol. 52, No. 2, 83 –98.

Schouppe N., De Houwer J., Ridderinkhof K. R., Notebaert W., "Conflict: Run, Reduced Stroop Interference with Avoidance Responses", *Quarterly Journal of Experimental Psychology*, 2012, Vol. 65, No. 6, 1052 –1058.

Schuch S., Grange J. A., "The Effect of N –3 on N –2 Repetition Costs in Task Switching", *Journal of Experimental Psychology: Learning, Memory, and Cognition*, 2015, Vol. 41, No. 3, 760 –767.

Schuch S., Koch I., "The Role of Response Selection for Inhibition of Task Sets in Task Shifting", *Journal of Experimental Psychology: Human Perception and Performance*, 2003, Vol. 29, No. 1, 92 – 105.

Schwarz N., "Feelings as Information: Informational and Motivational Functions of Affective States", In E. T. Higgins & R. Sorrentino (eds.), *Handbook of Motivation and Cognition: Foundations of Social Behavior.* New York, NY: Guilford Press, 1990, Vol. 2, pp. 527 –561.

Shafir R., Schwartz N., Blechert J., Sheppes G., "Emotional Intensity Influences Pre – implementation and Implementation of Distraction and Reappraisal", *Soc Cogn Affect Neurosci*, 2015, Vol. 10, No. 10, 1329 – 1337.

Shafir R., Thiruchselvam R., Suri G., Gross J. J., Sheppes G., "Neural Processing of Emotional – intensity Predicts Emotion Regulation Choice", *Soc Cogn Affect Neurosci*, 2016, Vol. 11, No. 12, 1863 – 1871.

Shafran R., Cooper Z., Fairburn C. G., "Clinical Perfectionism: A Cognitive Behavioural Analysis", *Behav Res and Ther*, 2002, Vol. 40, No. 7, 773 – 791.

Siegle G. J., Ingram R. E., Matt G. E., "Affective Interference: An Explanation for Negative Attention Biases in Dysphoria?", *Cognitive Therapy and Research*, 2002 (26): 73 – 87.

Subramaniam K., Kounios J., Parrish T. B., Jung – Beeman M, "A Brain Mechanism for Facilitation of Insight by Positive Affect", *Journal of cognitive neuroscience*, 2009, Vol. 21, No. 3, 415 – 432.

Szücs D., Soltész F., "Stimulus and Response Conflict in the Color – word Stroop Task: A Combined Electro – myography and Event – related Potential Study", *Brain Research*, 2010 (1325): 63 – 76.

Tharp I. J., Pickering A. D., "Individual Differences in Cognitive – flexibility: The Influence of Spontaneous Eyeblink Rate, Trait Psychoticism and Working Memory on Attentional Set – shifting", *Brain and Cognition*, 2011 (75): 119 – 125.

Thiruchselvam R., Blechert J., Sheppes G., Rydstrom A., Gross J. J., "The temporal Dynamics of Emotion of Emotion Regulation: an EEG Study of Distraction and Reappraisal", *Biological Psychology*, 2011, Vol. 87, No. 1, 84 – 92.

Van Dillen L. F., Koole S. L., "Clearing the Mind: A Working Memory Model of Distraction from Negative Mood", *Emotion* (*Washington, D. C.*), 2007, Vol. 7, No. 4, 715 – 723.

Van Wouwe N. C. , Band G. P. H. , Ridderinkhof K. R. , "Positive Affect Modulates Flexibility and Evaluative Control", *Journal of Cognitive Neuroscience*, 2010, Vol. 23, No. 3, 524 -539.

Vandierendonck A. , lifeooghe B. , Verbruggen F. , "Task Switching: Interplay of Reconfiguration and Interference Control", *Psychology Bulletin*, 2010, Vol. 136, No. 4, 601 -626.

Verbruggen F. , lifeooghe B. , Vandierendonck A. , "Selective Stopping in Task Switching: The Role of Response Selection and Response Execution", *Experimental Psychology*, 2006 (53): 48 -57.

Vuilleumier P. , Schwartz S. , "Beware and be Aware: Capture of Spatial Attention by Fear - related Stimuli in Neglect", *Neuroreport*, 2001, Vol. 12, No. 6, 1119 -1122.

Wagnild G. M. , Young H. M. , "Development and Psychometric Evaluation of the Resilience Scale", *Journal of Nursing Measurement*, 1993 (1): 165 -178.

Watkins P. C. , Vache K. , Verney S. P. , Muller S. , Mathews A. , "Unconscious Mood Congruent Memory Bias in Depression", *Journal of Abnormal Psychology*, 1996, Vol. 105, No. 1, 34 -41.

Williams J. M. G. , Watts F. N. , MacLeod C. , Mathews A. , *Cognitive Psychology and Emotional Disorders* (2nd edition) . New York: Wiley, 1997.

Williams L. M. , Kemp A. H. , Felmingham K. , Palmer D. M. , Liddell L. J. , Bryant R. A. , "Neural Biases to Covert and Overt Signals of Fear: Dissociation by Trait Anxiety and Depression", *Journal of Cognitive Neuroscience*, 2007, Vol. 19, No. 10, 1595 -1608.

Willis M. L. , Palermo R. , Burke D. , Atkinson C. M. , McArthur G. , "Switching Associations Between Facial Identity and Emotional Expression: A Behavioural and ERP Study", *NeuroImage*, 2010, Vol. 50, No. 1, 329 -339.

Yeung N. , Monsell S. , "Switching Between Tasks of Unequal Familiarity: The Role of Stimulus – Attribute and Response – Set Selection", *Journal of Experimental Psychology: Human Perception and Performance*, 2003, Vol. 29, No. 2, 455 – 469.

Yuan J. J. , He Y. Y. , Lei Y. , Yang J. M. , Li H. , "ERP Correlates of the Extraverts' Sensitivity to Valence Changes in Positive Stimuli", *Neuro Report*, 2009, Vol. 12, No. 20, 1071 – 1076.

Yuan J. J. , Zhang Q. L. , Chen A. T. , Li H. , Wang Q. , Zhuang Z. C. X. , Jia S. W. , "Are We Sensitive to Valence Differences in Emotionally Negative Stimul? Electrophysiological Evidence from an ERP Study", *Neuropsychologia*, 2007, Vol. 45, No. 12, 2764 – 2771.

Zinchenko A. , Obermeler C. , Kanske P. , Schrger E. , Villringer A. , "The Infuence of Negative Emotion on Cognitive and Emotional Control Remains Intact in Aging", *Front*, *Aging Neurosci*, 2017 (9): 349.

Zinchenko A. , Kanske P. , Obermeier C. , Schröger E. , Kotz S. A. , "Emotion and Goal – directed Behavior: ERP Evidence on Cognitive-and Emotional Confict", *Soc. Cogn. Afect. Neurosci*, 2015, Vol. 10, No. 11, 1577 – 1587.

致　谢

本书是在笔者博士学位论文的基础上修改而成。在拙著即将面世之前，首先我要感谢我的博士生导师陈旭教授，这篇论文是在陈老师的悉心指导下完成的。论文从课题的拟定、课题的构思到定稿无不渗透着陈老师的心血和汗水。博士三年，陈老师以严谨的治学态度、渊博的知识、精益求精的作风以及无限的耐心，教导并激励着我不断前进。在此谨向我的导师陈旭教授致以崇高的敬意和衷心的感谢！

感谢我的硕士生导师——第三军医大学的冯正直教授，冯老师引领我进入情绪加工的认知神经机制研究领域，系统训练我的科研思路、研究方法和论文撰写规范。博士三年对我的博士论文选题给予方向上的指引。此外，冯老师生活上给予了我无私的帮助与支持，鼓励我顺利完成博士研究生阶段的学习。在此谨向冯教授致以崇高的敬意和衷心的感谢！

在三年的博士学习中，心理学部的领导和其他导师都对我课题的完成给予了大量的指导和帮助，特别是张大均老师、郭成老师、江琦老师对我的论文选题提出了宝贵的意见，赵玉芳老师、张进辅老师在论文的预答辩中，对论文的行文及研究中存在的问题给予了精心的指导。他们敬业的精神、严谨治学的态度、平易谦虚的为人、科学求实的作风、团结奋进的精神为我树立了很好的榜样，这对我以后的工作、学习有着不可估量潜移默化的影响，并激励我在以后的科学研究道路上不懈攀登。在此谨向这些老师致以崇高的敬意和衷心的感谢！

同时我也对给予我帮助和关心的其他老师和同学表示由衷的感谢，我在学业上取得的成就与进步离不开他们的辅助和支持。

我还要特别感谢我的父母以及家人，他们无私的支持和默默的奉献给我很大的鼓励和动力，他们是我克服困难和不懈努力的坚强后盾，他们给予了我战胜困难的信心和力量，我的论文也凝结了他们的心血和教诲，有他们站在我身后，即使在冬天冰冷的实验室里我依然感到温暖、阴沉的天气里我也感到阳光明媚。

感谢评阅论文和出席论文答辩的诸位专家和教授，谢谢你们在百忙中给予我悉心的指导。

最后，感谢贵州财经大学公管学院的领导和同事对我工作的支持和帮助。

本书得到了贵州财经大学的出版专著专项资金资助，在此表示由衷的感谢！

刘庆英

2019 年 12 月 27 日

于斗篷山